Java 敏捷开发实践

主　编　闫彩霞　刘学工　冀建平
副主编　王记刚　刘　颖　贾　岚

科学技术文献出版社
SCIENTIFIC AND TECHNICAL DOCUMENTATION PRESS

·北京·

图书在版编目（CIP）数据

Java敏捷开发实践 / 闫彩霞，刘学工，冀建平主编. —北京：科学技术文献出版社，2022.6（2024.6重印）
ISBN 978-7-5189-9178-5

Ⅰ. ①J… Ⅱ. ①闫… ②刘… ③冀… Ⅲ. ①JAVA语言—程序设计 Ⅳ. ① TP312.8

中国版本图书馆 CIP 数据核字（2022）第 080174 号

Java敏捷开发实践

策划编辑：周国臻　　责任编辑：韩　晶　　责任校对：张永霞　　责任出版：张志平

出　版　者	科学技术文献出版社
地　　　址	北京市复兴路15号　邮编 100038
编　务　部	(010) 58882938，58882087（传真）
发　行　部	(010) 58882868，58882870（传真）
邮　购　部	(010) 58882873
官 方 网 址	www.stdp.com.cn
发　行　者	科学技术文献出版社发行　全国各地新华书店经销
印　刷　者	北京虎彩文化传播有限公司
版　　　次	2022 年 6 月第 1 版　2024 年 6 月第 3 次印刷
开　　　本	787×1092　1/16
字　　　数	211千
印　　　张	14.25
书　　　号	ISBN 978-7-5189-9178-5
定　　　价	48.00元

敏捷开发（Agile Development）宣言认为，个体和互动高于流程和工具，工作的软件高于详尽的文档，客户合作高于合同谈判，响应变化高于遵循计划。

敏捷开发是一种以人为核心、迭代、循序渐进的开发方法。它是一种软件开发的流程，指导我们用规定的环节一步一步完成项目的开发，主要驱动核心是人，采用的是迭代式开发。每个迭代都可以交付客户可使用的产品，注重与客户的沟通，几个迭代过后，交付最终产品。传统的瀑布式开发，非常重视最初的计划，严格遵循预先计划的需求分析、产品设计、开发、测试、集成、运维的步骤进行，最终按计划交付产品，计划后如有调整，代价高昂。敏捷开发相对于瀑布式开发可以对客户提出的变化需求做出快速响应。无论是在传统行业还是在互联网公司，敏捷开发深受欢迎。

通常，企业开发中，产品负责人（Product Owner）拿到客户的开发需求后，团队成员对需求进行分析，将其分解为一个一个的用户故事，结合用户故事做迭代计划。每次迭代开始，敏捷专家（Scrum Master）组织会议，根据迭代计划中的用户故事划分任务，团队成员根据任务看板自领任务，每日项目站会沟通交流，相互熟悉工作内容和遇到的问题，会后团队成员进行技术探索，解决遇到的问题。完成所有任务后，团队交付任务并进行评审。迭代结束，团队总结经验和教训，为更高效地完成下一迭代奠定基础。

大数据正逐步渗透到我们生活的方方面面，在生产、经营、流通等各个领域大放异彩，大数据分析技术在销售领域的应用非常亮眼。基于大数据技术进行用户信息采集，生成用户画像，针对消费者的个性化需求进行商品广告推送，因其较高的客户转换率成为电商主要的营销策略。大数据的处理流程分为采集、清洗、存储、分析4个阶段，真实的电商大数据平台推送系统也是一样。客户在电商平台购物或浏览商品后，电商会根据客户的购物历史或浏览历史推送相似商品，这个过程其实就是电商大数据推送。

本课程基于Java语言，学习敏捷开发流程，实践企业项目开发。将项目"开卷有益——大数据精准营销"贯穿始终，结合高职教学实际和敏捷开发实践路线，采用任

1

务驱动、技术探索式教学模式。教学内容分为4个迭代项目，每个迭代分为用户故事、任务看板、技术探索、实施交付4个部分。

迭代一：开卷有益——大数据精准营销之用户交互体验

本迭代是知识储备阶段，应用Java语言基础知识，开发书籍电商大数据推送项目的用户交互菜单相关功能。

迭代二：开卷有益——大数据精准营销之快速原型设计

本迭代在迭代一的基础上，完成书籍电商大数据推送项目结构设计和基本功能的开发。用户根据系统菜单提示，输入所要执行操作的菜单序号后，系统会执行相应的指令，完成展示客户和书籍信息，模拟客户访问电商平台并采集客户轨迹，分析客户轨迹数据；为客户打标签，当客户再次访问电商平台预购物时，为其推送书籍。

迭代三：开卷有益——大数据精准营销之核心业务构建

前面迭代中的数据都是定义在数组中的，并未使用数据库。本迭代模拟真实的推送系统，读取CSV日志文件，然后清洗，将日志数据存入数据库，同时分析日志数据，为客户打标签；当客户再次购物时，为其推送商品。本迭代涉及的技术点是企业生产实际会用到的，技术点探索过程中将企业进行软件开发使用到的案例化繁为简，以通俗易懂的实例展现，最终交付一个完整的电商大数据推送系统。

迭代四：开卷有益——大数据精准营销之图形界面仿真

本迭代为电商大数据推送项目添加图形用户界面，方便用户仿真操作和展示推送结果。

CONTENTS 目 录

迭代一　开卷有益——大数据精准营销之用户交互体验 ·················· 1

用户故事 ··· 1

任务看板 ··· 1

技术探索 ··· 2

　　技术模块 1　Java 语言初探 ···································· 2

　　技术模块 2　数据类型和运算符 ································ 27

　　技术模块 3　流程控制语句 ···································· 44

　　技术模块 4　数组和字符串 ···································· 58

实施交付 ··· 68

迭代二　开卷有益——大数据精准营销之快速原型设计 ·············· 71

用户故事 ··· 71

任务看板 ··· 71

技术探索 ··· 72

　　技术模块 1　数据对象定义 ···································· 72

　　技术模块 2　访问控制 ·· 80

　　技术模块 3　类的继承 ·· 85

　　技术模块 4　抽象类和接口 ···································· 91

　　技术模块 5　异常处理 ·· 97

实施交付 ··· 99

迭代三　开卷有益——大数据精准营销之核心业务构建 ·············· 105

用户故事 ··· 105

任务看板 ··· 105

技术探索 ·· 106

    技术模块 1　文件和流 ····························· 106

    技术模块 2　数据库编程 ··························· 120

    技术模块 3　集合 ································· 134

实施交付 ·· 155

迭代四　开卷有益——大数据精准营销之图形界面仿真 ·············· 167

用户故事 ·· 167

任务看板 ·· 167

技术探索 ·· 167

    技术模块 1　Java GUI 初窥 ························ 168

    技术模块 2　常用组件 ····························· 176

    技术模块 3　布局管理器 ··························· 192

    技术模块 4　事件处理 ····························· 197

实施交付 ·· 204

迭代一　开卷有益——大数据精准营销之用户交互体验

用户故事

本迭代为知识准备阶段，探索 Java 语言的基础知识。不熟悉 Java 语言的开发人员，可通过本迭代的技术探索，掌握 Java 语言的基本语法和开发工具的使用。熟悉 Java 语言的开发人员，可直接开发电商大数据推送项目的用户交互菜单。用户可根据系统菜单提示，输入所要执行操作的菜单序号，系统进入相关功能接口，除了展示客户和书籍信息外，暂时不实现其他功能。用户交互菜单包括"展示客户和书籍信息""采集数据，模拟客户访问电商平台""分析客户轨迹数据""模拟客户预购物，推送书籍""退出系统"（图 1-0-1）。

```
*********开卷有益——大数据精准营销*********
1.展示客户和书籍信息
2.采集数据，模拟客户访问电商平台
3.分析客户轨迹数据
4.模拟客户预购物，推送书籍
5.退出系统
*****************************************

请选择(1-5)：
```

图 1-0-1　用户交互菜单

任务看板

本迭代完成基础的用户交互菜单功能，将用户故事分为 3 个实训任务，如表 1-0-1 所示。

表 1-0-1　任务及描述

任务	描述
任务 1　客户和书籍信息数据集	存储客户和书籍数据
任务 2　系统子功能接口	用户选择菜单序号后进入相应功能
任务 3　用户交互菜单	用户可根据系统菜单提示，输入所要执行操作的菜单序号

技术探索

做项目进行技术选型，要对所用技术有初步的了解，如果要开发软件，一定要了解编程语言的流行程度、特点、运行方法、开发工具、应用框架。在软件开发过程中，涉及数据的处理和存储。对于一句话的表达，汉语和英语有不同的写法。对于编写程序来说，任何一门编程语言，都有自己的表达方式。选择好开发语言后，要了解该开发语言的语法表达方式、数据处理方式、流程控制语句、数据存储方式等。本迭代涉及的客户信息和书籍信息可存储在数组中，用户交互菜单要通过流程控制语句实现。

根据以上所述，将本迭代分为 4 个技术模块，总计 15 个技术点，如图 1-0-2 所示。

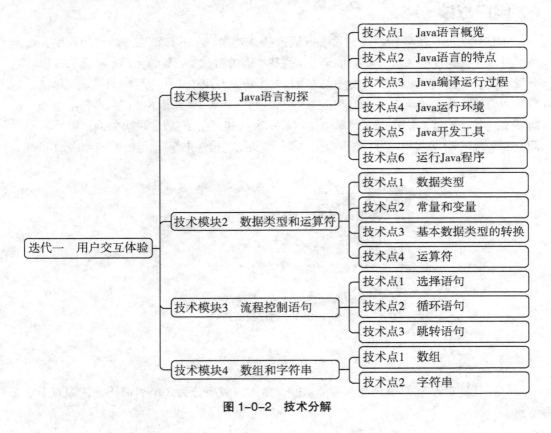

图 1-0-2　技术分解

技术模块 1　Java 语言初探

本任务分为 6 个技术点展开，执行完本任务，可以对 Java 有初步的了解，如了解 Java 语言的发展历程、在业界的流行程度，知道 Java 语言的特点，确定技术选型。理解 Java 的编译运行过程，对 Java 语法有初步认识，能够编写第一个 Java 程序

HelloWorld。能够搭建 Java 开发环境，包括 JDK 的下载、安装、配置，Java 集成开发工具 Eclipse 的安装配置，且能够使用命令行和集成开发工具 Eclipse 开发、运行 Java 应用程序。

技术点 1　Java 语言概览

查阅 TIOBE 编程语言排行榜，可以发现 Java 一直位于前两名，且多年位居榜首。初步决定用 Java 语言开发项目，以下为 Java 语言的概要信息。

20 世纪 90 年代初，Sun 公司的 James Gosling 等人成立了一个 Green 项目小组，主要开发消费类电子产品（如电视机、洗衣机、冰箱等）的嵌入式应用。由于消费类电子产品所采用的嵌入式处理器芯片的种类繁杂，如何让编写的程序跨平台运行成了难题，因此他们先解决跨平台语言的开发，该语言被称为 Oak 语言，这就是 Java 的前身。

1995 年 5 月，Sun 公司正式发布 Java 语言和 HotJava 浏览器。此时互联网蓬勃发展，Java 逐渐成为重要的网络编程语言。微软、IBM、Oracle 等各大公司都竞相购买了 Java 使用许可证，并为自己的产品开发了相应的 Java 平台。1996 年，Sun 公司发布 Java 语言的第一个开发工具包（JDK 1.0），这是 Java 发展历程上的重要里程碑，标志着 Java 成为一种独立的开发工具。在随后的几年里，Sun 公司先后发布了 Java 1.2、Java 1.3、Java 1.4、Java 5.0、Java 6.0。2009 年，Oracle 公司宣布收购 Sun 公司，此后由 Oracle 公司发布更新的 Java 版本。

在全球云计算及移动互联网的产业环境下，Java 凸显优势和广阔前景，得到了广泛的应用。无论是开发大、中、小型应用系统软件，还是大数据服务、云服务，Java 语言都是非常好的选择。

技术点 2　Java 语言的特点

1. 面向对象

Java 是面向对象的语言，提供类、接口和继承等面向对象的特性，只支持类之间的单继承，但一个 Java 类可以实现多个接口。面向对象的编程方式更贴近人类的思维方式。

2. 简单性

作为一种高级编程语言，Java 的语法与 C 语言、C++ 非常相似，但 Java 摒弃了 C++ 中指针、操作符重载等概念，使得大多数程序员很容易学习和使用。Java 语言的垃圾回收机制可以自动回收内存，大大简化了程序设计人员的内存管理工作。

3. 分布性

Java 是面向网络的编程语言，它提供了用于网络应用编程的类库，通过这些类库可以处理 TCP/IP。Java 应用程序可以通过 URL 进行远程调用，打开并访问网络资源。

4. 健壮性

在编译和运行程序时，Java 会对代码进行逐级检查，以消除程序错误带来的影响。Java 的异常处理机制、垃圾回收机制等是 Java 程序健壮性的重要保证。

5. 安全性

Java 提供了安全机制以防止恶意代码攻击，安全机制包括类装载器结构、Class 文件检查器、内置于 Java 虚拟机的安全特性、安全管理器及 Java API。

6. 可移植性

Sun 公司在开发 Java 语言之初，就定义了 Java 语言是跨平台的，即不受计算机硬件系统和操作系统的限制。Java 语言的跨平台特性可以使 Java 程序方便地移植到网络中的不同机器上。Java 的类库中也实现了与不同平台的接口，使这些类库可以移植。Java 语言的编译器是由 Java 语言编写的，Java 运行时系统由标准 C 语言实现，使得 Java 系统本身也具有可移植性。

7. 解释执行

Java 是一种先编译后解释执行的编程语言，Java 源程序在 Java 平台上被编译为字节码（Byte-code）文件，然后可以在实现 Java 平台的任何系统中运行。Java 解释器直接对 Java 的字节码进行解释执行，字节码携带了许多编译时的信息，使得连接过程更加简单，开发更加迅速。

8. 多线程

多线程机制使代码可以并发执行，提高了整体处理性能，而且同步机制保证了对共享数据的正确操作。程序设计者可以根据需要设计不同的多线程执行方案，高效完成某个特定的行为。

9. 动态性

开发 Java 语言的目标之一就是适用于不断发展变化的环境。Java 程序需要的类能够动态地被载入运行环境，也可以通过网络载入，可以自由地在类库中加入新的方法和实例变量而不影响用户程序的执行。Java 虽然是单继承的，但是可以实现多个接口，使之比严格的类继承更灵活且易于扩展。

技术点 3　Java 编译运行过程

1. Java 编译运行过程

如图 1-J1-1 所示，编写好的 Java 代码源文件（扩展名为 .java）经过编译器编译后，生成字节码文件（扩展名为 .class），编译过程中会进行语法检查，如果源代码程序有错误，编译会被终止。字节码文件不能直接运行，只能运行在 Java 虚拟机（JVM）上。JVM 中的解释器将字节码解释成平台上的机器码。JVM 是 Java Virtual Machine 的缩写，是虚拟出来的模拟计算机功能的计算机。JVM 除了解释和运行字节码文件（.class 文件），还管理内存，执行垃圾回收。

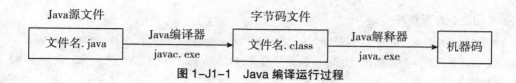

图 1-J1-1　Java 编译运行过程

2. Java 跨平台特性

Java 是跨平台的编程语言。先来认识一下什么是平台。简单地说，平台就是操作系统，是管理计算机硬件与软件资源的计算机程序。当前有 3 种流行的操作系统，即 Microsoft 的 Windows 操作系统，Apple 的 Mac OS 操作系统，以 Red Hat、SUSE、Cent OS 为代表的 Linux 操作系统。编写好的 Java 源代码可以在这 3 种操作系统上运行，即一次编写，处处运行。Java 语言的运行过程如图 1-J1-2 所示。

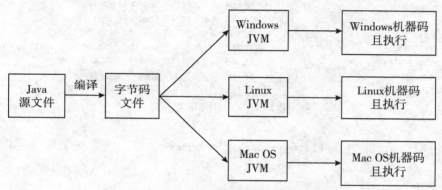

图 1-J1-2　Java 语言的运行过程

Java 是如何实现跨平台的呢？思考一个问题，中国人想和美国人讲话，但是不懂英语，该怎么办呢？对，请个翻译。如果一个不懂法语的中国人想和法国人讲话，再请一个懂法语的翻译就好了。同理，想要在 Windows、Linux、Mac OS 上运行相同的 Java 源程序，也可以找个翻译，这里的翻译就是 JVM，每个平台都有相应的 JVM，即 JVM 是平台相关的。在每个平台上安装平台相关的 JVM，实现了 Java 语言的跨平台特性。

技术点 4　Java 运行环境

要想编译和运行 Java 程序，需要配置环境。

JRE（Java Runtime Environment），是 Java 程序的运行时环境，包含 JVM 和运行时所需要的核心类库。想运行一个 Java 程序，只需安装 JRE 即可。

JDK（Java Development Kit），是 Java 程序的开发工具包，包含 JRE 和开发人员所使用的工具。本项目需要开发全新的 Java 程序，必须安装 JDK。自 JDK 9 以后，Oracle 公司不再提供单独的 JRE 下载文件。

1. JDK 的下载和安装

（1）可以从 Oracle 官方网站 https：//www.oracle.com/technetwork/java/javase/downloads/ index.html 下载所需版本的 JDK。注册且登录 Oracle 账户后，进入链接，找到需要下载的 JDK 版本，图 1–J1–3 所示为下载 Windows 版的 JDK 11.0.6，接受许可协议，下载 jdk–11.0.6_windows–x64_bin.exe。

Java SE Development Kit 11.0.6

You must accept the Oracle Technology Network License Agreement for Oracle Java SE to download this software.
Thank you for accepting the Oracle Technology Network License Agreement for Oracle Java SE; you may now download this software.

Product / File Description	File Size	Download
Linux	147.99 MB	⬇jdk-11.0.6_linux-x64_bin.deb
Linux	154.65 MB	⬇jdk-11.0.6_linux-x64_bin.rpm
Linux	171.8 MB	⬇jdk-11.0.6_linux-x64_bin.tar.gz
macOS	166.45 MB	⬇jdk-11.0.6_osx-x64_bin.dmg
macOS	166.77 MB	⬇jdk-11.0.6_osx-x64_bin.tar.gz
Solaris SPARC	188.51 MB	⬇jdk-11.0.6_solaris-sparcv9_bin.tar.gz
Windows	151.57 MB	⬇jdk-11.0.6_windows-x64_bin.exe
Windows	171.67 MB	⬇jdk-11.0.6_windows-x64_bin.zip

图 1–J1–3　JDK 下载界面

（2）双击下载的 jdk–11.0.6_windows–x64_bin.exe 文件，进入安装向导界面，如图 1–J1–4 所示。

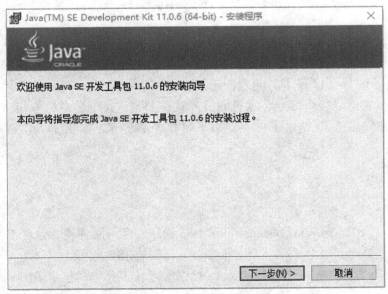

图 1–J1–4　JDK 安装向导界面

（3）单击"下一步"按钮进入定制安装界面，如图 1-J1-5 所示。默认安装到"C:\Program Files\Java\jdk-11.0.6\"目录下，可以点击"更改"按钮自定义安装路径，这里我们使用默认安装路径。

图 1-J1-5 JDK 定制安装界面

（4）单击"下一步"按钮开始安装，进入安装进度界面，如图 1-J1-6 所示。稍等几秒钟，安装完成，如图 1-J1-7 所示，关闭该界面。

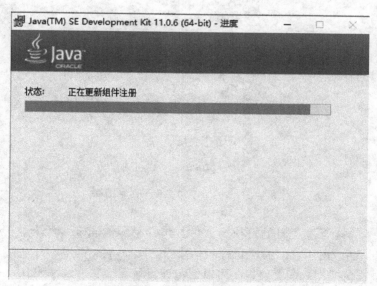

图 1-J1-6 JDK 安装进度界面

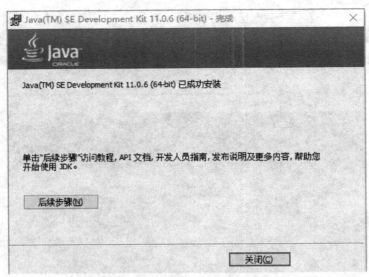

图 1–J1–7　JDK 安装完成界面

2. JDK 的目录结构

找到 JDK 的安装目录"C：\Program Files\Java\jdk–11.0.6\"，可以看到 JDK 11.0.6 的子目录，如图 1–J1–8 所示。

图 1–J1–8　JDK 11.0.6 子目录结构

　　bin 目录：Java 开发工具的可执行文件，包括解释器 java、编译器 javac、反编译 .class 文件的 javap、密钥管理工具 keytool、文档工具 javadoc 等。

　　conf 目录：包括用户配置信息，可以编辑该目录下的文件来修改 JDK 的访问权限、安全设置等。

include 目录：包括支持 Java 本地接口和 Java 虚拟机调试接口的 C 语言头文件。

jmods 目录：jlink 用于创建自定义运行时的编译模块。

legal 目录：每个模块的许可证和版权文件，包括作为 .md（标记）文件的第三方通知。

lib 目录：JDK 所需的其他类库和支持文件。

3. 配置环境变量

环境变量是在操作系统中用来指定操作系统运行环境的一些参数，为了使用已经安装好的 JDK，需要配置环境变量。配置步骤如下。

（1）用鼠标右键单击桌面上的"我的电脑"，单击"属性"。选择高级系统设置，弹出系统属性窗口，如图 1–J1–9 所示，选择"高级"标签，单击"环境变量"按钮，弹出如图 1–J1–10 所示的窗口。

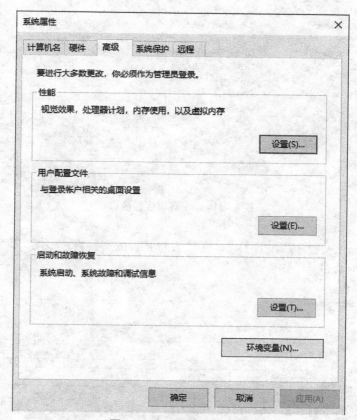

图 1–J1–9　系统属性窗口

图 1-J1-10　环境变量窗口

（2）新建系统变量 JAVA_HOME，变量值为 JDK 的安装目录，按"确定"按钮保存，如图 1-J1-11 所示。

图 1-J1-11　新建系统变量 JAVA_HOME

（3）编辑系统变量 Path，使得系统可以在任何路径下识别 Java 命令，添加 %JAVA_HOME%\bin 信息，复制到 Path 值的最前面，与后面的内容用英文分号分隔，如图

1–J1–12 和 1–J1–13 所示。按"确定"按钮，保存已设置的环境变量信息，关闭所有窗口。

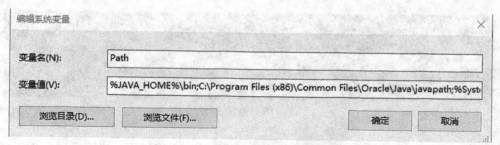

图 1–J1–12　编辑系统变量 Path

系统变量(S)	
变量	值
Path	%JAVA_HOME%\bin;C:\Program Files (x86)\Common Files\Or...
PATHEXT	.COM;.EXE;.BAT;.CMD;.VBS;.VBE;.JS;.JSE;.WSF;.WSH;.MSC
PROCESSOR_ARCHITECT...	AMD64
PROCESSOR_IDENTIFIER	Intel64 Family 6 Model 78 Stepping 3, GenuineIntel
PROCESSOR_LEVEL	6
PROCESSOR_REVISION	4e03
PSModulePath	%ProgramFiles%\WindowsPowerShell\Modules;C:\Windows\...

图 1–J1–13　添加 %JAVA_HOME%\bin 后的系统变量 Path

（4）按快捷键"Win+R"，打开运行对话框，输入 cmd 命令，如图 1–J1–14 所示。

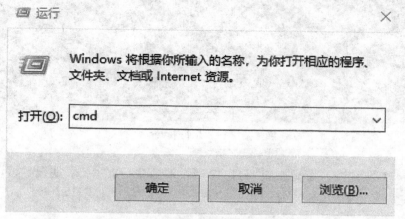

图 1–J1–14　在运行对话框输入 cmd 命令

进入命令行界面，输入 java –version，然后点击回车键，可以看到如图 1-J1-15 所示的提示，说明 JDK 已经安装配置好。

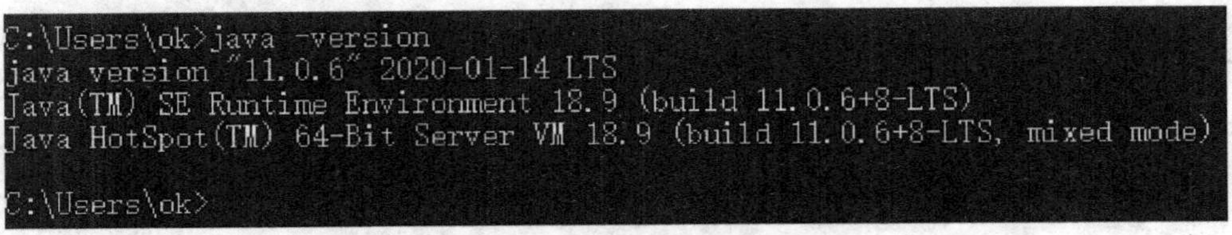

图 1-J1-15　查看 JDK 版本

输入 javac 命令，可以看到如图 1-J1-16 所示的命令行提示，说明已经可以正常编译 Java 程序。

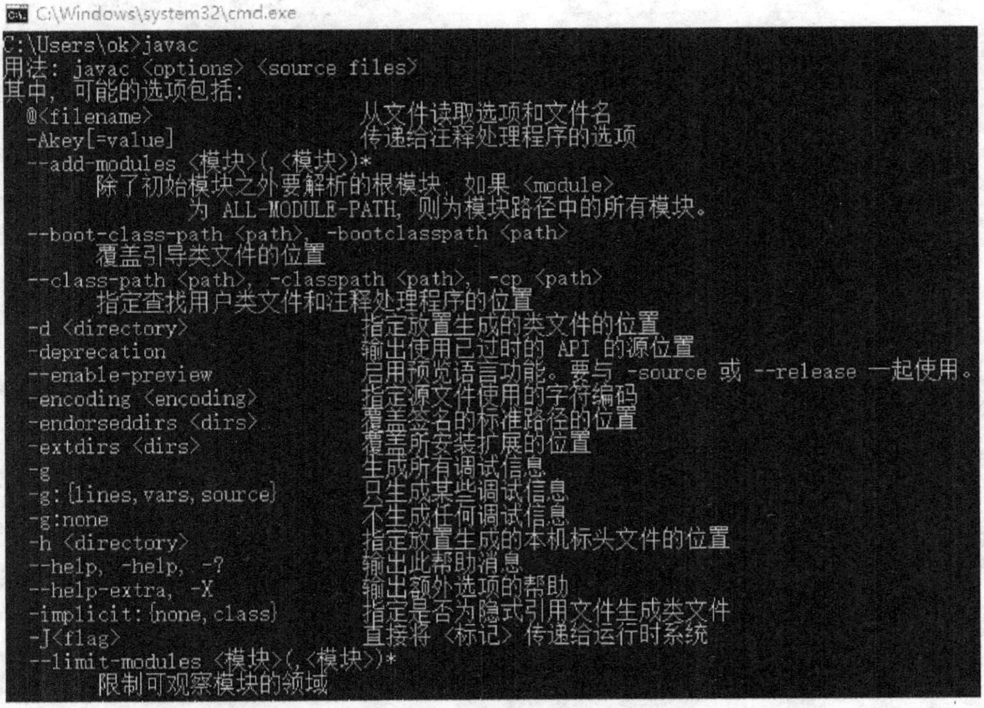

图 1-J1-16　运行 javac 命令

再输入 Java 命令，看到如图 1-J1-17 所示的命令行提示，说明已经可以正常运行 Java 程序。

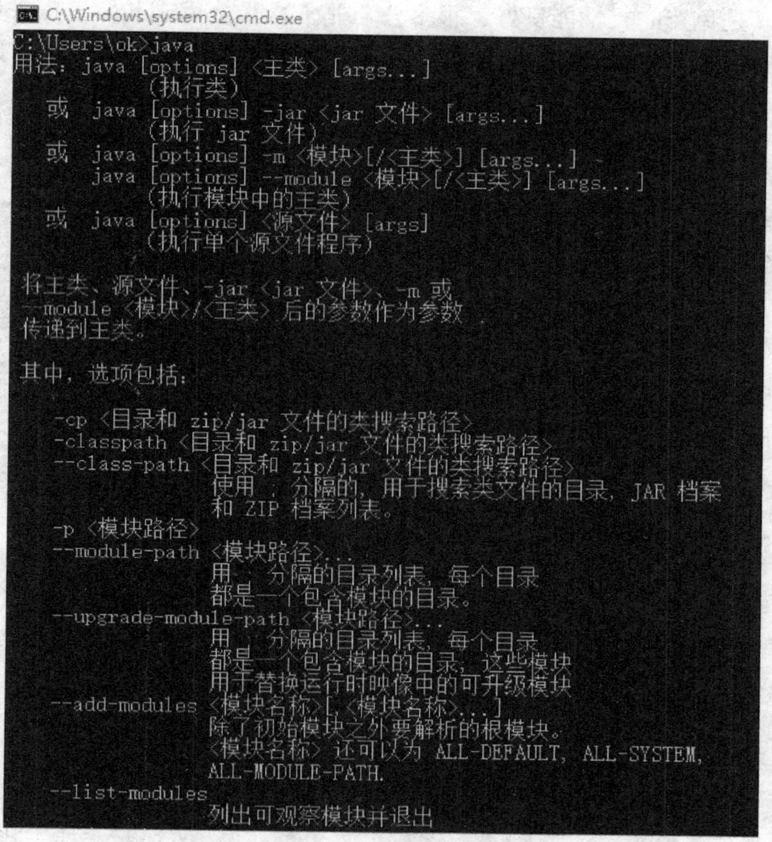

```
C:\Windows\system32\cmd.exe
C:\Users\ok>java
用法: java [options] <主类> [args...]
           (执行类)
   或  java [options] -jar <jar 文件> [args...]
           (执行 jar 文件)
   或  java [options] -m <模块>[/<主类>] [args...]
       java [options] --module <模块>[/<主类>] [args...]
           (执行模块中的主类)
   或  java [options] <源文件> [args]
           (执行单个源文件程序)

将主类、源文件、-jar <jar 文件>、-m 或
--module <模块>/<主类> 后的参数作为参数
传递到主类。

其中, 选项包括:

    -cp <目录和 zip/jar 文件的类搜索路径>
    -classpath <目录和 zip/jar 文件的类搜索路径>
    --class-path <目录和 zip/jar 文件的类搜索路径>
                  使用 ; 分隔的, 用于搜索类文件的目录, JAR 档案
                  和 ZIP 档案列表。
    -p <模块路径>
    --module-path <模块路径>...
                  用 ; 分隔的目录列表, 每个目录
                  都是一个包含模块的目录。
    --upgrade-module-path <模块路径>...
                  用 ; 分隔的目录列表, 每个目录
                  都是一个包含模块的目录, 这些模块
                  用于替换运行时映像中的可升级模块
    --add-modules <模块名称>[,<模块名称>...]
                  除了初始模块之外要解析的根模块。
                  <模块名称> 还可以为 ALL-DEFAULT, ALL-SYSTEM,
                  ALL-MODULE-PATH.
    --list-modules
                  列出可观察模块并退出
```

图 1-J1-17　运行 java 命令

技术点 5　Java 开发工具

Java 源代码本质上其实就是普通的文本文件，可以使用文本编辑器作为 Java 的开发工具，如 NotePad++、EditPlus、UltraEdit 等。企业项目开发时，更多还是选用集成开发工具，集成开发工具就是把代码的编写、调试、编译、执行都集成到一个工具中，常用的集成开发工具有 IDEA、Eclipse 等。

1. IDEA

JetBrains 公司的 IDEA 全称为 IntelliJ IDEA，是 Java 编程语言开发的集成环境。IDEA 在业界被公认为最好的 Java 开发工具之一，尤其在智能代码助手、代码自动提示、重构、各类版本工具（Git、SVN 等）、JUnit、代码分析等方面的功能可以说是超常的。可以通过 JetBrains 官方网站 https：//www.jetbrains.com/idea/download/#section=windows 下载 IDEA，使用 IDEA 需要购买注册码。

2. Eclipse

Eclipse 是一个开放源代码的集成开发环境，能提供代码完成、重构和语法检查等功能，由于其是免费的且性能良好，很多公司非常喜欢使用 Eclipse。Eclipse 最初是由 IBM 公司开发的，后来贡献给了开源社区。本项目选择 Eclipse 作为开发工具。

（1）通过 Eclipse 的官方网站 https：//www.eclipse.org/downloads/ 可以自行下载 Eclipse，如图 1–J1–18 所示。

图 1–J1–18　下载 Eclipse

（2）双击下载好的 eclipse–inst–win64.exe，如图 1–J1–19 所示选择安装。

图 1–J1–19　选择 for Enterprise Java Developers 安装

点击如图 1–J1–20 所示的 "INSTALL" 按钮，开始安装。

图 1-J1-20 开始安装 Eclipse 界面

安装结束,进入如图 1-J1-21 所示的界面。

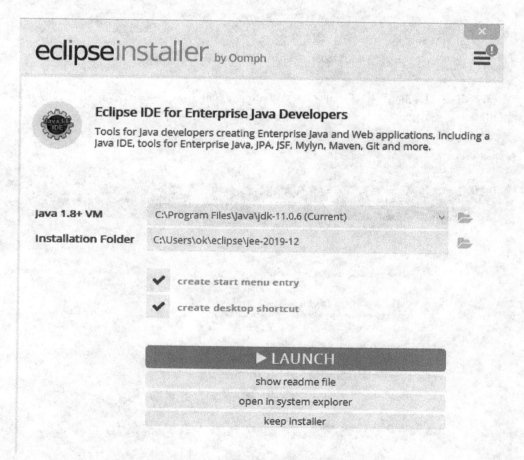

图 1-J1-21 Eclipse 安装结束界面

(3)点击"LAUNCH"按钮即可打开 Eclipse,此时会有一个默认的工作空间 eclipse-workspace,如图 1-J1-22 所示,也可以创建自己的工作空间。

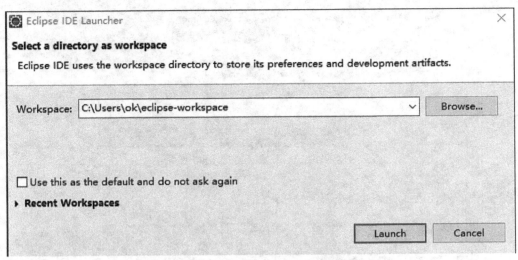

图 1-J1-22　Eclipse 启动界面工作空间选择

（4）点击"Launch"按钮，即可进入 Eclipse，如图 1-J1-23 所示。关闭欢迎界面，就可以进行软件开发了。

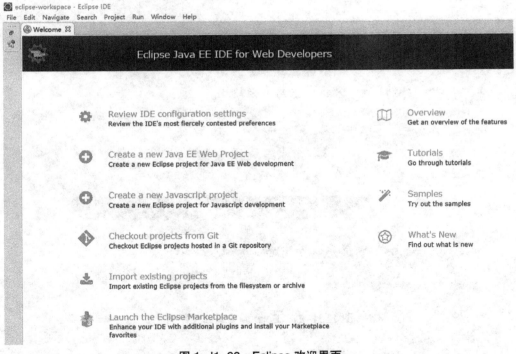

图 1-J1-23　Eclipse 欢迎界面

至此，对 Java 已经有了初步的了解，安装配置好开发环境和开发工具后，就可以编写一个简单的 Java 程序运行一下试试了。

技术点 6 运行 Java 程序

本技术点探索过程中，将学着编写第一个 Java 程序 HelloWorld，然后分别在命令行和集成开发环境运行该程序。

1. 知识储备

（1）基本知识

Java 程序规范：Java 的开发者并没有确定 Java 代码编写规范，国内业界流行的编写规范为《阿里巴巴 Java 开发手册》，本书中项目要求按照《阿里巴巴 Java 开发手册》规范编码。

类：Java 程序的模板，描述一类对象的行为和状态。对于所有的类来说，类名的首字母应该大写。如果类名由若干英文单词组成，那么每个单词的首字母大写。

方法：方法就是行为，一个类可以有很多方法。程序员想要程序完成的所有动作都要编写在方法中完成，如加减法运算、数据修改等。所有的方法名都应该以小写字母开头。如果方法名含有若干单词，则后面的每个单词首字母大写。

Java 源文件：指编写 Java 代码的文件，文件名的后缀为 .java，源文件名必须和类名相同。当保存文件的时候，应该使用类名作为文件名保存。

（2）标识符

标识符是程序员自己定义的类、接口、方法、数据成员的名字，可以包含字母、数字、下画线、美元符（$），但首字符不能是数字，不能包括操作符号（如 +、-、/、*）和空格等，不能使用关键字。

合法标识符：HelloWorld、setName。

不合法标识符：123、SET-NAME、ab+cd、best way、class。

区分大小写：setName 和 SetName 标识不同的名称。

标识符一般采用驼峰形式用英文单词或英文单词的组合命名，而且标识符要能见其名知其意，增强程序的可读性。定义一个标识姓名的变量，最好使用英文单词 name，而不是 a。

（3）关键字

关键字是 Java 语言本身事先定义好的有特别意义的标识符，可以用来表示程序的结构、数据类型等。关键字不能用来表示类名、方法名或变量名。下面列出了 Java 语言中使用的关键字。

用于数据类型：boolean、byte、char、double、false、float、int、long、new、null、short、true、void、instance of。

用于语句：break、case、catch、continue、default、do、else、for、if、return、switch、try、while、finally、throw、this、super。

用于修饰：abstract、final、native、private、protected、public、static、synchronized、transient、volatile。

用于方法、类、接口、包和异常：class、extends、implements、interface、package、import、throws。

3 个保留字：true、false、null。

（4）注释

为了方便自己阅读程序，也能方便地帮助其他程序员理解自己写的程序代码，需要对程序代码添加注释。Java 编译器执行编译源代码的操作时，会自动忽略注释部分的内容。

对于 Java 注释，我们主要了解 3 种注释方式。

- //，注释一行程序代码。
- /*……*/，注释多行程序代码。
- /**……*/，文档注释。

（5）分隔符

分隔符用于区分 Java 程序的各个基本语法元素，分为空白符和普通分隔符。任意两个相邻标识符或语句之间必须至少有一个分隔符，以便程序编译时能够识别。

空白符：包括空格、回车、换行和制表符 Tab 等符号。

Java 中的普通分隔符有如下几种。

- ;（分号），用来标识语句的结束。
- {}（大括号），用来定义类体、方法体、程序块及数组的初始化。
- [ ]（中括号），用来定义数组或引用数组中的元素。
- ( )（圆括号），用来定义表达式中运算的优先顺序和控制语句中的执行条件，在定义和调用方法时用来容纳参数列表。
- ,（逗号），用来分隔方法中的参数。在同一行声明同类数据类型时，用来分隔变量。在 for 循环控制语句中，分隔圆括号内的语句。
- .（点号），用来分隔包和其子包、包和类、对象和属性、对象和方法。
- :（冒号），说明语句标号。

探索演练 1-J1-1 一段简单的程序示例。

```
/**
 * 第一个 Java Application 程序
 * HelloWorld.java
 */
public class HelloWorld {
    /*
     * 这是 main 方法
```

```
*/
public static void main(String[]args){
    // 输出 Hello World
    System.out.println("Hello World");
}
}
```

对于上面的程序，说明如下。

①前面探索过与程序的注释相关的技术点，本程序中使用了 3 种注释方式，可以尝试找出，另外试着找出程序中都使用了哪些分隔符。

② class 为关键字，表示这是一个类，class 后面的 HelloWorld 为类的名字，带扩展名的文件名为 HelloWorld.java。

③ main（String [ ] args），这是 main 方法，程序执行的入口，每个类最多只能有一个 main 方法。圆括号中的 args 是参数，String 表示参数类型为字符串类型。读者可先记住 main 方法的声明格式，不要改变关键字顺序。

④ System.out.println（"Hello World"），系统输出语句，将括号中的内容以字符串的形式打印输出到控制台，输出过后，光标指向下一行。如果后面还有系统输出语句，将会在光标指向行输出。System.out.print（"Hello World"）也为系统输出语句，输出过后，光标不指向下一行，如果后面还有系统输出语句，会在当前输出行后面接着输出。

2. 命令行运行 Java 源程序

新建文本文档，输入探索演练 1–J1–1 所示代码，将文本文件另存为 HelloWorld.java。

打开命令行工具，切换目录到文件所在位置，执行下面的命令。

```
cd 文件所在位置
```

本例中将 Java 源文件存放到了 C 盘 java 文件夹下，所以执行的命令如下。

```
cd C:\java
```

执行如下编译命令。

```
javac 源文件名 .java
```

本例执行命令 javac HelloWorld.java，注意 javac 后面有个空格。正常情况下，执行这行命令后命令行窗口不会有任何响应。如果有任何错误消息返回，说明代码有问题，需进一步检查并查找问题所在。在当前目录下会生成一个 HelloWorld.class 字节码文件。

执行运行程序的命令如下，如果程序设计有输出结果，会在下面看到输出结果。

java 字节码文件名

本例执行命令 java HelloWorld 运行该程序，系统输出 Hello World，如图 1–J1–24 所示。注意这里只输入字节码文件名 HelloWorld，不要加上扩展名 .class。

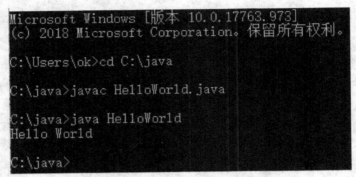

图 1–J1–24　命令行编译运行 Java 程序

3. 在集成开发工具开发运行 Java 源程序

进入 Eclipse，选择 File → New → Project，如图 1–J1–25 所示。

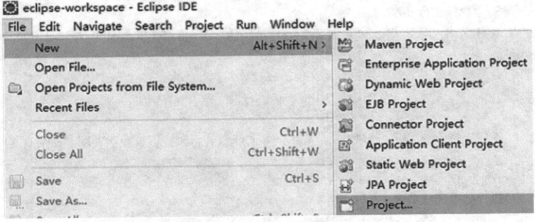

图 1–J1–25　新建项目

选择 Java Project，点击 "Next" 按钮，如图 1–J1–26 所示。

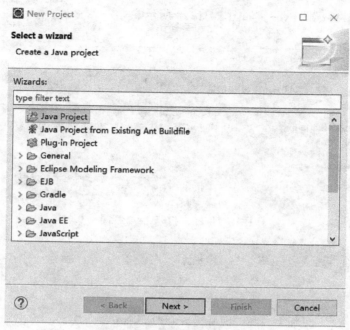

图 1-J1-26 新建 Java 项目

输入项目名称，这里项目名称为 cx，点击"Finish"按钮，如图 1-J1-27 所示。

图 1-J1-27 新建 Java 项目 cx

选择 "Open Perspective", 如图 1–J1–28 所示。

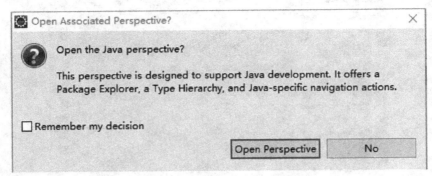

图 1–J1–28　打开 Java 视图

此时, 新项目建成, 如图 1–J1–29 所示。右键单击 src, 新建一个类, 如图 1–J1–30 所示。

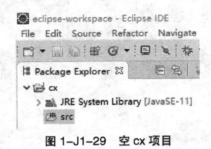

图 1–J1–29　空 cx 项目

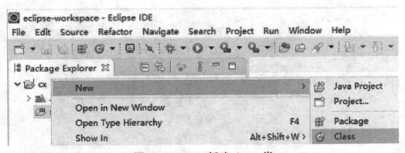

图 1–J1–30　新建 Java 类

在 Package 后面填入包名 test, 在 Name 后面输入类名 HelloWorld, 选中创建 main 方法前的复选框, 点击 "Finish" 按钮, 如图 1–J1–31 所示。

编辑程序, 使之与上面在命令行中运行的代码一样。编辑完成, 保存代码。右键单击, 选择 Run As → 1 Java Application, 如图 1–J1–32 所示。

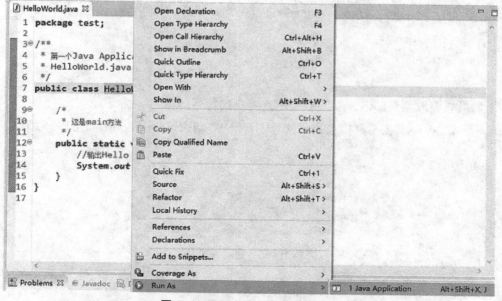

图 1-J1-31　新建 Java 类 HelloWorld

图 1-J1-32　运行 Java 应用程序

在控制台上可以看到输出结果如图 1–J1–33 所示。

Problems
@ Javadoc
Declaration
Console
<terminated> HelloWorld [Java Application] C:\Program Files\J
Hello World

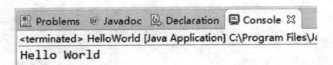

图 1–J1–33　控制台输出运行结果

代码调试技能是程序开发者必备的一项技能，通过代码调试，可以观察程序的运行过程，测试所编写程序，而且可以查找程序的错误，以便进一步诊断，找出原因和具体的位置进行修正。在 Eclipse 中调试代码的步骤如下。

- 插入断点。双击需要插入断点的语句行前面的区域，这时该行最前面会出现一个圆点，也就是断点，如图 1–J1–34 所示。

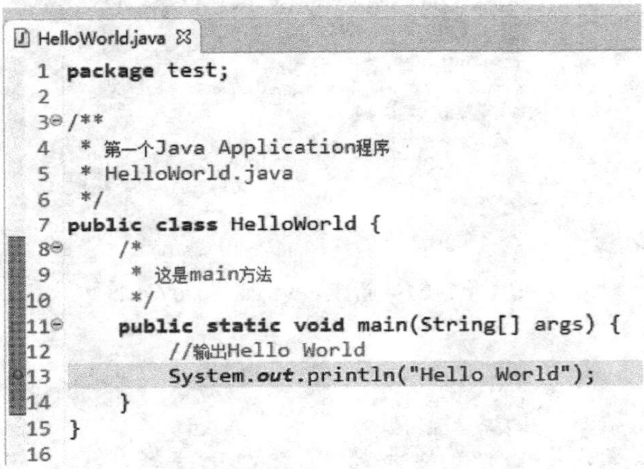

HelloWorld.java
package test;
/**
 * 第一个Java Application程序
 * HelloWorld.java
 */
public class HelloWorld {
    /*
     * 这是main方法
     */
    public static void main(String[] args) {
        //输出Hello World
        System.out.println("Hello World");
    }
}

图 1–J1–34　插入断点

如果想要取消该断点，直接双击断点所在的行号即可。

- 调试程序。在工具栏点击小蜘蛛图标启动调试程序，如图 1–J1–35 所示。

IDE
Run
Window
Help
Debug HelloWorld

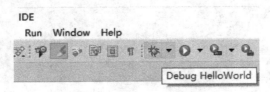

图 1–J1–35　启动调试程序

当程序执行到断点的位置时，会弹出如图 1-J1-36 所示的对话框，询问是否打开调试视图，选择 "Switch" 按钮确认打开调试视图。

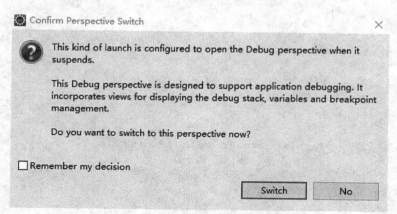

图 1-J1-36　确认打开调试视图

在 Eclipse 窗口的右方，可以看到调试视图的断点窗格和变量窗格，如图 1-J1-37 和图 1-J1-38 所示。在断点窗格中可以查看所插入的所有断点，在变量窗格中可以观察变量的值。

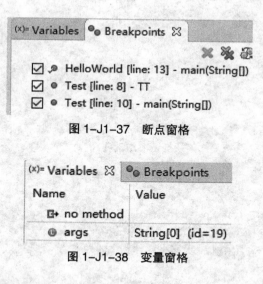

图 1-J1-37　断点窗格

图 1-J1-38　变量窗格

观察程序代码，可以发现断点所在行高亮显示，如图 1-J1-39 所示。点击 F6 键单步执行，直到程序结束。

```
🗋 HelloWorld.java ⊠
 1  package test;
 2
 3⊖ /**
 4   * 第一个Java Application程序
 5   * HelloWorld.java
 6   */
 7  public class HelloWorld {
 8⊖     /*
 9       * 这是main方法
10       */
11⊖     public static void main(String[] args) {
12         //输出Hello World
13         System.out.println("Hello World");
14     }
15  }
16
```

图 1-J1-39　调试视图下的断点所在行

🖳 技能贴士

Eclipse 常用快捷键

Ctrl+Shift+F　格式化代码

Ctrl+D　删除当前行

Ctrl+F　查找并替换

Ctrl+A　选择全部文本

Ctrl+C　复制

Ctrl+V　粘贴

Ctrl+/　选中要添加单行注释的行, 按该快捷键可以为所选行添加注释, 在调试程序时, 可以使用该方法把不用的代码注释掉, 再按一次该快捷键会取消注释。

调整 Eclipse 字体

①打开 Eclipse, 找到 Window→Preferences, 在左边的菜单栏中找到 General。

②在 General 展开窗口中找到 Appearance 并点击, 找到 Colors and Fonts。

③看到右边字体一列有很多选项, 点击展开 Basic, 并点击 Text Font 选项, 右边的 Edit 被激活了。

④点击 Edit, 在 Edit 窗口中选择你想要的字体和字体大小, 保存设置, 退出。

设置 Eclipse 视图

初学者接触 Eclipse, 经常不小心把界面的某个功能关闭了, 甚至把 Eclipse 界面弄得面目全非。经常自己尝试补救, 结果越来越乱。最快的解决办法是复位透视图。复位方法为: 打开 Eclipse, 找到 Window→Perspective→Reset Perspective。

至此, 已完成技术模块 1 中所有技术点探索。

技术模块 2　数据类型和运算符

无论是通过电商购物还是实体店购物，数据的表示和处理是很常见的。以客户从购物网站购物的场景为例，客户选了很多种商品，每种商品都有价格表示，价格经常带小数部分，所购商品的数量可能带小数部分（如 1.1 千克），也可能没有带小数部分（如 2瓶饮料）。选择好商品提交订单时，会涉及购物金额的计算。程序语言中通过数据类型来表示数据的特征，任何数据都有数据类型，通过运算符来完成各种数据的运算处理。

技术点 1　数据类型

Java 语言中的数据类型分为两大类：基本数据类型（primitive data type）和引用数据类型（reference data type）。

1. 基本数据类型

Java 语言定义了 8 种基本数据类型，即字节型（byte）、短整型（short）、整型（int）、长整型（long）、单精度浮点型（float）、双精度浮点型（double）、字符型（char）、布尔型（boolean）。不同数据类型在计算机中占据的空间不同，取值范围也不同。各种数据类型在内存中所占用的存储空间和取值范围如表 1–J2–1 所示。

表 1–J2–1　基本数据类型

类别	数据类型	所占存储空间 / 字节	取值范围
整型	byte（字节型）	1	$-128 \sim 127$
	short（短整型）	2	$-2^{15} \sim 2^{15}-1$
	int（整型）	4	$-2^{31} \sim 2^{31}-1$
	long（长整型）	8	$-2^{63} \sim 2^{63}-1$
浮点型	float（单精度浮点型）	4	$-3.4E-38 \sim 3.4E+38$
	double（双精度浮点型）	8	$-1.7E-308 \sim 1.7E+308$
字符型	char	2	Unicode 字符 0 ~ 65 535
布尔型	boolean	1	false 逻辑假或 true 逻辑真

（1）整型

和数学中整数的概念相似，整型是没有小数的数据类型。如表 1–J2–1 所示，Java语言提供了 4 种整数类型，即 byte（字节型）、short（短整型）、int（整型）、long（长整型）。整数值的类型默认就是 int 类型，如果直接将较小的整数值赋给一个 byte 或 short 变量，系统会自动把这个整数值当成 byte 或 short 类型来处理，如果整数值超出了 int 类型的表示数范围，Java 不会自动把这个整数值当成 long 类型来处理，应在这个整数值后增加英文字母 l 或 L 作为后缀，如 2147483648L。

Java 支持十进制、八进制、十六进制 3 种形式的整型数据记法。

- 十进制：日常生活中使用的整数记数法是十进制记数法，如 30、0、−32。
- 八进制：八进制整数计数法以数字 0 开头，并且后面的数只能为 0 ~ 7。八进制整数转化为十进制整数的值的方式：从个位开始，其数乘以 8 的 n 次幂（$n=0$，1，…）。例如，023 表示十进制整数的 19，将其转化为十进制：$3 \times 8^0 + 2 \times 8^1 = 19$。
- 十六进制：十六进制整数计数法以 0X 或 0x 开头，后面的数一般用数字 0 ~ 9 和字母 A ~ F（或 a ~ f）表示，其中 A ~ F 表示 10 ~ 15。十六进制整数转化为十进制整数的值的方式：从个位开始，其数乘以 16 的 n 次幂（$n=0$，1，…）。例如，0XA23 表示十进制整数的 2595，将其转化为十进制：$3 \times 16^0 + 2 \times 16^1 + 10 \times 16^2 = 2595$。

（2）浮点型

日常生活中含有小数部分的数值用浮点型表示，分为单精度浮点型和双精度浮点型，这两种数据类型所占用的存储空间不一样，所表示的数据范围也不一样。浮点型有 3 种表示形式。

- 直接表示法，如 1.1、123.45。
- 带后缀表示法，后缀 f 或 F 表示单精度浮点型，后缀 d 或 D 表示双精度浮点型，如 12.5f、23.1F、36.55d、66.66D。
- 科学技术法，如 150000 可以写作 1.5e5，0.015 可以记作 1.5e−2。

浮点型数据的运算结果可能会溢出，但不会因为溢出而导致异常。溢出结果可能为 0、无穷大（显示为 Infinity）、无穷小（−Infinity）。如果出现没有意义的数学运算结果，用 NaN（Not a Number）表示，如 0.0/0.0 的结果为 NaN。

在浮点数的运算过程中，如果发生四舍五入，可能会存在误差。财务计算中讲究账要平，即不能出现一分钱的误差，所以浮点数不适合做财务计算，财务计算中通常使用 BigDecimal 类。

（3）字符型

字符是程序中可以出现的任何单个符号，有如下几种表示方式。

- 使用单引号括起来的单个字符，如 'A'、'a'、'5'、'$' 等。
- 使用反斜杠和八进制数表示，格式为 '\×××'，其中 ××× 是 1~3 个八进制数字，取值范围为 0 ~ 0377，如 '\101' 表示字符 'A'。
- 使用反斜杠和十六进制数表示，格式为 'u××××'，其中 ×××× 为 4 个十六进制数字，取值范围为 0 ~ 0XFFFF，如 '\u0061' 表示字符 'a'。
- 使用 Unicode 字符集的整数范围 0 ~ 65535 表示，如 97 表示字符 a。
- 使用转义字符表示。常用转义字符如表 1−J2−2 所示。

表 1-J2-2 常用转义字符

转义字符	描述信息
\0	空格
\t	水平制表符
\r	回车
\n	换行
\b	退格
\f	换页
\'	单引号字符
\"	双引号字符
\\	反斜杠字符

（4）布尔型

布尔型数据用来表示逻辑真或逻辑假，只有两个值，即代表逻辑真的 true 和代表逻辑假的 false。注意不要用单引号或双引号把 true 或 false 括起来。

2. 引用数据类型

Java 语言中的引用数据类型包括类（class）、接口（interface）和数组（Array）。将在本迭代技术模块 4 中探索数组相关技术点，类和接口相关技术点会在后面的迭代中探索。

技术点 2 常量和变量

1. 常量

在程序运行过程中数值不发生变化的量为常量，用 final 标识，如某客户的性别、商品的编号等。每个常量都属于一种数据类型。常量的命名要符合标识符的命名规则，通常常量的字母为大写字母，如果某个常量是由多个英文单词组成的，使用下画线将这些英文单词隔开。

常量的声明格式为：

```
final 数据类型 常量名 = 常量值
```

其中符号"="为赋值运算符，用来为常量或变量赋值。

下面为常量的声明示例。

```
final int INT_CONSTANT=2;                    // 声明整型常量示例
final long LONG_CONSTANT=4L;                 // 声明长整型常量示例
final double DOUBLE_CONSTANT=2.0;            // 声明双精度浮点型常量示例
final char CHAR_CONSTANT='A';                // 声明字符型常量示例
final boolean BOOLEAN_CONSTANT=true;         // 声明布尔型常量示例
```

探索演练 1-J2-1 常量的使用。

```java
public class ConstantsDemo1 {
    public static void main(String[] args){
        final int GOODS_NUMBER=50;                    // 声明整型常量商品数量
        final double DISCOUNT=0.9;                     // 声明双精度浮点型常量折扣
        final char CURRENCY='¥';                       // 声明字符型常量货币币种
        final boolean IS_NEW_CUSTOMER=true;            // 声明布尔型常量是否是新客户

        System.out.println("****** 常量的使用 ******");
        System.out.println(" 商品数量:"+GOODS_NUMBER+",用的整型常量 ");
        System.out.println(" 折扣为原价的:"+DISCOUNT+",用的浮点型常量 ");
        System.out.println(" 货币:"+CURRENCY+",用的字符型常量 ");
        System.out.println(" 是否是新客户:"+IS_NEW_CUSTOMER+",用的布尔型常量 ");
    }
}
```

程序运行结果:

```
****** 常量的使用 ******
商品数量:50,用的整型常量
折扣为原价的:0.9,用的浮点型常量
货币:¥,用的字符型常量
是否是新客户:true,用的布尔型常量
```

🖥 **技能贴士**

使用 Java 语言进行软件开发时，通常将常量放到同一个类中，而且该类中没有 main 方法，为便于全局访问，需使用关键字 public 和 static 修饰常量。程序示例如下：

```java
public class ConstantsDemo2 {
    public static final int MAX_SIZE=50;              // 最大容量 50
    public static final double PI=3.1415926;          // 圆周率 PI
    public static final boolean IS_LOCAL=true;        // 默认为本地
}
```

2. 变量

在程序运行中其值可以改变的量为变量，用于存放运算的中间结果和保存数据，如所购商品的总价钱。每个变量都属于一种数据类型。变量的命名需要符合标识符的命名规则，变量的首字符通常使用小写字母，如果变量由多个英文单词组成，使用驼峰形式书写。变量使用之前需要先声明。

变量的声明格式有两种，一种是一条语句声明一个变量，声明格式如下：

[访问修饰符] [特征修饰符] < 数据类型 > < 变量名 >;

其中，中括号表示可选项，即访问修饰符和特征修饰符是可以省略的；尖括号表示必选项，即数据类型和变量名不能省略。访问修饰符、特征修饰符、数据类型和变量名之间用空格隔开。注意声明语句最后的分号不能省略。

另外一种是一条语句声明多个相同类型的变量，声明格式如下：

[访问修饰符] [特征修饰符] < 数据类型 > < 变量名 1>,< 变量名 2>…< 变量名 n>;

和第一种声明格式一样，中括号表示可选项，尖括号表示必选项。访问修饰符、特征修饰符、数据类型和变量名之间用空格隔开，各个变量名之间用逗号分隔。声明的各个变量属于同一种数据类型。无论使用哪种格式声明，后面都要跟分号。

变量的声明示例：

```
int var1;                  //声明整型变量 var1
long var2,var3;            //声明长整型变量 var2,var3
char var4;                 //声明字符型变量 var4
boolean var5;              //声明布尔型变量 var5
float var6;                //声明单精度浮点型变量 var6
```

变量一般在方法、构造函数或语句块中声明。在使用变量前要为其赋初值，即变量的初始化。和常量赋值相似，变量赋值也需要用赋值运算符"="。

变量的初始化示例：

```
int var1=1;                //声明并初始化整型变量 var1
long var2=2L,var3=3L;      //声明并初始化长整型变量 var2,var3
char var4='A';             //声明并初始化字符型变量 var4
boolean var5=true;         //声明并初始化布尔型变量 var5
float var6=1.1f;           //声明并初始化单精度浮点型变量 var6
```

探索演练 1-J2-2 变量的使用。

```
public class VarDemo {
    public static void main(String[] args){
        double weight=6.1d;              //声明并初始化双精度浮点型变量 重量
        int count=5;                     //声明并初始化整型变量 数量
        long customerNo=10000000001L;    //声明并初始化长整型变量 客户编号
        boolean flag=false;              //声明并初始化布尔型变量 标识
```

```
        System.out.println("****** 局部变量的使用 ******");
        System.out.println(" 重量:"+weight+", 用的双精度浮点型 ");
        System.out.println(" 数量:"+count+", 用的整型 ");
        System.out.println(" 客户编号:"+customerNo+", 用的长整型 ");
        System.out.println(" 标识:"+flag+", 用的布尔型 ");
    }
}
```

程序运行结果:

```
****** 局部变量的使用 ******
重量: 6.1, 用的双精度浮点型
数量: 5, 用的整型
客户编号: 10000000001, 用的长整型
标识: false, 用的布尔型
```

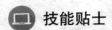 技能贴士

　　尝试将探索演练 1－J2－2 中任意一个变量(如 weight)不做初始化,看到 Eclipse 有如下提示。在第 11 行的左面有个小叉子,将光标放到输出语句 weight 所在行,系统提示局部变量 weight 没有初始化,如图 1－J2－1 所示。

```
3  public class VarDemo {
4      public static void main(String[] args) {
5          double weight; // 声明并初始化双精度浮点型变量 重量
6          int count = 5; // 声明并初始化整型变量 数量
7          long customerNo = 10000000001L; // 声明并初始化长整型变量 客户编号
8          boolean flag = false; // 声明并初始化布尔型变量 标识
9
10         System.out.println("******局部变量的使用******");
11         System.out.println("重量: " + weight + ",用的双精度浮点型");
12         System.out.println("数量: " +
13         System.out.println("客户编号: " +
14         System.out.println("标识: " +
15     }
16 }
17
```

The local variable weight may not have been initialized

1 quick fix available:
- Initialize variable

Press 'F2' for focus

图 1－J2－1　Eclipse 对未初始化变量的错误提示

探索演练 1-J2-3　变量的作用域。

```
public class VarScopeDemo{
    //声明类变量 stock1,作用范围是整个类,即类 Var 的花括号内
    static int stock1;
    public static void main(String[] args){
        System.out.println(stock1);              //输出类变量 stock1 的值
        stock1=6;                                //修改 stock1 的值为 6
        System.out.println(stock1);              //输出类变量 stock1 的值
        //声明并初始化局部变量 stock2,作用在 main 方法花括号内且在声明语句之后
        int stock2=5;
        System.out.println(stock2);              //输出局部变量 stock2 的值
    }
}
```

程序运行结果：

```
0
6
5
```

技术点 3　基本数据类型的转换

试想一个场景，去饮料店买饮料，饮料一般分为大、中、小杯，如果把 600 mL 大杯饮料倒入容量为 300 mL 的小杯子，会发生什么情况？对，溢出。如果把 300 mL 的小杯饮料倒入 600 mL 的大杯子就没有问题。数据类型的转换也有类似的情景。把占据存储空间 4 字节的整型数据转化为占据存储空间 8 字节的长整型数据是没有问题的，反之则可能发生数据溢出。因此，数据类型的转换要遵守一定的规则。在 Java 中，基本数据类型的转换分为自动类型转换和强制类型转换两种，但是不能对布尔类型进行类型转换。

1. 自动类型转换

两个不同数据类型的数据进行运算，如果两种数据类型兼容，编译器会按照规则自动转换数据类型，然后再进行运算。

对于可以发生自动转换的数据类型，通常遵循如下规则进行转换。

- 由内存占据存储位置少的数据类型向占据存储位置多的数据类型转换。例如，byte 数据类型占用 1 个字节的存储空间，就可以自动转换成占用 4 个字节存储空间的 int 数据类型。

例如，通过命令行编译、运行如下程序，是没有问题的。

```
public class ConvertDemo {
    public static void main(String[] args){
        byte b=1;                        // 声明并初始化字节型变量 b
        int i=4;                         // 声明并初始化整型变量 i
        i=b+i;                           // 将字节型变量和整型变量相加的和存入整型变量中
        System.out.println(i);           // 输出 i 的最终值
    }
}
```

修改第 5 行，将 i=b+i 换成 b=b+i，再次执行编译命令 javac ConvertDemo.java，系统提示"错误：不兼容的类型：从 int 转换到 byte 可能会有损失"，即不能将整型数据自动转换成字节型数据（图 1-J2-2）。

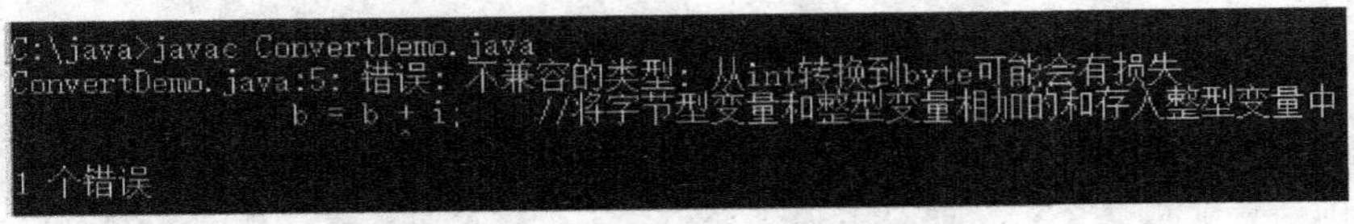

图 1-J2-2　命令行编译错误提示

如果在 Eclipse 中输入上面的程序，同样修改第 5 行，会发现 Eclipse 有错误提示 "Type mismatch：cannot convert from int to byte"，即不能将整型数据转换成字节型数据。

- 由取值范围小的数据类型向取值范围大的数据类型转换。取值范围小的 int 数据类型可以转换成取值范围大的 long 数据类型。

继续编写刚才的代码，添加长整型变量的声明和运算，再次编译运行该程序，这次使用 Eclipse 集成开发工具，该程序可以正常编译运行。

```
public class ConvertDemo {
    public static void main(String[]args){
        byte b=1;                        // 声明并初始化字节型变量 b
        int i=4;                         // 声明并初始化整型变量 i
        long l=8;                        // 声明并初始化长整型变量 l
        i=b+i;                           // 将字节型变量和整型变量相加的和存入整型变量中
        l=i+l;                           // 将整型变量和长整型变量相加的和存入长整型变量中
        System.out.println(i);           // 输出 i 的最终值
        System.out.println(l);           // 输出 l 的最终值
    }
}
```

修改第 7 行，将 l=i+l 换成 i=i+l，会发现 Eclipse 有错误提示 "Type mismatch：cannot convert from long to int"，即不能将长整型数据转换为整型数据，如图 1-J2-3 所示。

```
ConvertDemo.java ☒
 1  package test;
 2
 3  public class ConvertDemo {
 4      public static void main(String[] args) {
 5          byte b = 1;  // 声明并初始化字节型变量b
 6          int i = 4;   // 声明并初始化整型变量i
 7          long l = 8;  // 声明并初始化长整型变量l
 8          i = b + i;   // 将字节型变量和整型变量相加的和存入整型变量中
 9          i = i + l;   // 将整型变量和长整型变量相加的和存入长整型变量中
10          System.    ⓐ Type mismatch: cannot convert from long to int
11          System.    2 quick fixes available:
12      }              ⓛ Add cast to 'int'
13  }                  ⇄ Change type of 'i' to 'long'
14                                              Press 'F2' for focus
```

图 1-J2-3　Eclipse 编译错误提示

- 由低精度数据类型向高精度数据类型转换。例如，整型数据类型可以自动转换为浮点型数据类型，低精度的 float 数据类型可以自动转换成高精度的 double 数据类型。
- 字符型数据和数字类型数据发生运算时，先将字符型数据自动转换为整型数据再参与运算。

接着刚才的程序完成下面的练习。

```
public class ConvertDemo {
    public static void main(String[] args){
        byte b=1;               // 声明并初始化字节型变量 b
        int i=4;                // 声明并初始化整型变量 i
        long l=8;               // 声明并初始化长整型变量 l
        float f=1.23F;          // 声明并初始化单精度浮点型变量 f
        double d=4.56D;         // 声明并初始化双精度浮点型变量 d
        char c='a';             // 声明并初始化字符型变量 c

        i=b+i;          // 将字节型变量和整型变量相加的和存入整型变量中
        l=i+l;          // 将整型变量和长整型变量相加的和存入长整型变量中
        f=f+i;          // 将整型变量和单精度浮点型变量相加的和存入单精度浮点型变量中
        d=d / 2;        // 将双精度浮点型变量和整型变量相除的商存入双精度浮点型变量中
        i=i+c;          // 将整型变量和字符型变量相加的和存入整型变量中

        System.out.println(i);      // 输出 i 的最终值
        System.out.println(l);      // 输出 l 的最终值
        System.out.println(f);      // 输出 f 的最终值
        System.out.println(d);      // 输出 d 的最终值
    }
}
```

程序运行结果：

```
102
13
6.23
2.28
```

2. 强制类型转换

自动类型转换练习的图 1-J2-3 中，当把整型变量和长整型变量相加的和存入整型变量中时，Eclipse 给出错误提示，同时给出了两条修改建议。第一条为 "Add cast to 'int'"，即添加强制转换为整型。当相互兼容的两种不同的数据类型不能发生自动类型转换时，可以进行强制类型转换。

强制类型转换的通用格式为 "（目标类型）值"。

强制类型转换可能会损失精度。例如，下面的程序片段中，把浮点型变量 f 强制转换为整型后的值是 1，不是原来的 1.23 了。所以，不建议进行强制类型转换。

探索演练 1-J2-4　强制类型转换。

```java
public class CastDemo {
    public static void main(String[] args){
        long l=8;                          // 声明并初始化长整型变量 l
        int i = (int)l;                    // 将长整型变量 l 强制转换为整型后的值赋给 i
        System.out.println(i);             // 输出强制转换后的值，此时 i 的值为 8，未发生
                                           //   精度丢失

        float f=1.23F;                     // 声明并初始化单精度浮点型变量 f
        i = (int)f;                        // 将浮点型变量 f 强制转换为整型后的值赋给 i
        System.out.println(i);             // 输出强制转换后的值，此时 i 的值为 1，发生
                                           //   精度丢失

    }
}
```

程序运行结果：

```
8
1
```

技术点 4　运算符

计算机的基本用途之一就是执行数学运算，数学运算中我们用各种数学运算符号完成运算操作。作为一门计算机语言，Java 也提供了一套丰富的运算符来操纵变量。Java 中的运算符分为赋值运算符、算术运算符、关系运算符、逻辑运算符、条件运算符等。

1. 赋值运算符

（1）赋值运算符

赋值运算符用来为变量赋新值。"="是最常见、最简单的赋值运算符，赋值时的格式为：

```
变量=表达式
```

意思是将表达式的值赋给左面的变量。举例如下：

```
int i;              // 声明整型变量 i
i=4;                // 为整型变量 i 赋值 4
float f;            // 声明浮点型变量 f
f=1.23F;            // 为浮点型变量 f 赋值 1.23
```

通过前面的探索了解到，相互兼容的基本数据类型可以自动转换。在为变量赋值时，表达式的值一定要和变量的类型兼容，而且要满足能自动转换为变量的数据类型，才可以赋给左面的变量。例如，下面的赋值是可以的。

```
int i;                      // 声明整型变量 i
float f;                    // 声明浮点型变量 f
i='a';                      // 将小写字母 a 的 ACSII 码值赋给整型变量 i
f=i;                        // 将整型变量 i 的值赋给浮点型变量 f
System.out.println(i);      // 输出 97
System.out.println(f);      // 输出 97.0
```

如下的赋值会报编译错误。

```
int i;                      // 声明整型变量 i
float f;                    // 声明浮点型变量 f
f=1.23F;                    // 为浮点型变量 f 赋值 1.23
i=f;                        // 将浮点型变量 f 的值赋给整型变量 i,会报编译错误
```

（2）复合赋值运算符

在赋值运算符"="前面加上其他运算符，便构成复合赋值运算符，实现赋值和运算双重功能。格式为：

```
变量  其他运算符= 表达式
```

注意：其他运算符和赋值运算符"="中间没有空格。

常用复合赋值运算符如表 1-J2-3 所示。

表 1-J2-3　常用复合赋值运算符

运算符	描述	举例
+=	加复合赋值运算符，它把左操作数和右操作数相加赋值给左操作数	a+ = b，等价于 a=a+b
− =	减复合赋值运算符，它把左操作数和右操作数相减赋值给左操作数	a − = b，等价于 a=a − b
*=	乘复合赋值运算符，它把左操作数和右操作数相乘赋值给左操作数	a* = b，等价于 a=a * b
/=	除复合赋值运算符，它把左操作数和右操作数相除赋值给左操作数	a / = b，等价于 a=a / b
%=	取余复合赋值运算符，它把左操作数和右操作数取余后赋值给左操作数	a % = b，等价于 a=a % b

复合赋值运算符应用示例：

```
int i=4;                    // 声明并初始化变量 i
i+= 6;                      // 通过复合赋值运算符将 i 的值进行加 6 运算
System.out.println(i);      // 输出 10
```

2. 算术运算符

算术运算符用于对整数或浮点数进行数学运算，根据所需操作数的个数不同，分为单目运算符和双目运算符。表 1-J2-4 列出了常用算术运算符。

表 1-J2-4　常用算术运算符

类型	运算符	描述	举例
双目运算符	+	加法运算符	a+b，计算 a 加 b 的和
	−	减法运算符	a−b，计算 a 减 b 的差
	*	乘法运算符	a*b，计算 a 乘以 b 的积
	/	除法运算符	a/b，计算 a 除以 b 的商
	%	取余运算符	a%b，计算 a 对 b 取余后的值
	+、−	正、负号	−10，表示负 10
单目运算符	++	自增运算符	++a，将 a 先加 1，再参与表达式运算
			a++，先取 a 的值进行表达式运算，再将其加 1
	− −	自减运算符	− −a，将 a 先减 1，再参与表达式运算
			a− −，先取 a 的值进行表达式运算，再将其减 1

探索演练 1–J2–5　双目运算符应用举例。

```
public class MathOperatorDemo1 {
    public static void main(String[] args){
        int a=3;
        int b=5;
        System.out.println("*** 双目运算符练习 ***");
        System.out.println("a 的值为 "+a+", b 的值为 "+b);
        System.out.print("a+b=");
        System.out.println(a+b);
        System.out.print("b-a=");
        System.out.println(b-a);
        System.out.print("a*b=");
        System.out.println(a * b);
        System.out.print("a/b=");
        System.out.println(a/b);
        System.out.print("a%b=");
        System.out.println(a%b);
    }
}
```

程序运行结果：

```
*** 双目运算符练习 ***
a 的值为 3, b 的值为 5
a+b=8
b-a=2
a*b=15
a/b=0
a%b=3
```

在上面的示例中，a/b 为什么是 0 不是 0.6？ a%b 的结果又是怎么计算出来的？

基本数据类型自动转换中介绍过，两个不同数据类型的操作数进行运算，会进行数据类型的自动转换，因为 a 和 b 都是整数，运算后的结果还是整数，所以 a 除以 b 的商为 0，余数为 3。就像小学整数除法，被除数为 3，除数为 5，商为 0，余数为 3。

探索演练 1-J2-6 单目运算符应用举例。

```java
public class MathOperatorDemo2 {
    public static void main(String[] args){
        int a=3;
        int b=5;
        int c, d, e, f;
        System.out.println("*** 单目运算符练习 ***");
        System.out.println("a 的值为 "+a+", b 的值为 "+b);
        c=++a;
        d=b++;
        System.out.println("c=++a 运算后 c 的值为 "+c);
        System.out.println("d=b++ 运算后 d 的值为 "+d);
        System.out.println("a 的值为 "+a+", b 的值为 "+b);
        e=--a;
        f=b--;
        System.out.println("e=--a 运算后 e 的值为 "+e);
        System.out.println("f=b-- 运算后 f 的值为 "+f);
        System.out.println("a 的值为 "+a+", b 的值为 "+b);
    }
}
```

程序运行结果：

```
*** 单目运算符练习 ***
a 的值为 3, b 的值为 5
c=++a 运算后 c 的值为 4
d=b++ 运算后 d 的值为 5
a 的值为 4, b 的值为 6
e=--a 运算后 e 的值为 3
f=b-- 运算后 f 的值为 6
a 的值为 3, b 的值为 5
```

3. 关系运算符

关系运算符用来比较大小，运算结果为布尔型的 true 或 false，当关系表达式成立时，运算结果为 true，否则运算结果为 false。关系运算符常用于执行某一操作的条件判断。表 1-J2-5 列出了常用关系运算符。

表 1-J2-5 常用关系运算符

运算符	描述	举例
>	判断左边操作数的值是否大于右边操作数的值，如果是，返回 true	a>10，如果 a 的值大于 10 返回 true，否则返回 false
<	判断左边操作数的值是否小于右边操作数的值，如果是，返回 true	a<10，如果 a 的值小于 10 返回 true，否则返回 false
>=	判断左边操作数的值是否大于等于右边操作数的值，如果是，返回 true	a>=10，如果 a 的值大于等于 10 返回 true，否则返回 false
<=	判断左边操作数的值是否小于等于右边操作数的值，如果是，返回 true	a<=10，如果 a 的值小于等于 10 返回 true，否则返回 false
==	判断左边操作数的值是否等于右边操作数的值，如果是，返回 true	a==10，如果 a 的值等于 10 返回 true，否则返回 false
!=	判断左边操作数的值是否不等于右边操作数的值，如果是，返回 true	a!=10，如果 a 的值不等于 10 返回 true，否则返回 false

探索演练 1-J2-7 关系运算符应用示例。

A、B 两个商家卖同一商品的价钱分别是 10 元和 9 元，用关系表达式比较两个商家价钱高低。

```java
public class CompareDemo {
    public static void main(String[] args){
        int a=10;
        int b=9;
        System.out.println("a 的值为 "+a+", b 的值为 "+b);
        System.out.print("a>b 的结果为 ");
        System.out.println(a>b);
        System.out.print("a<b 的结果为 ");
        System.out.println(a<b);
        System.out.print("a==b 的结果为 ");
        System.out.println(a==b);
        System.out.print("a!=b 的结果为 ");
        System.out.println(a!=b);
    }
}
```

程序运行结果：

```
a 的值为 10, b 的值为 9
a>b 的结果为 true
a<b 的结果为 false
a==b 的结果为 false
a!=b 的结果为 true
```

4. 逻辑运算符

逻辑运算符用于对布尔型数据进行逻辑运算，通常用于多重条件判断。逻辑运算符两侧为布尔类型的表达式。表 1-J2-6 列出了常用逻辑运算符。假设 a 的值为 true，b 的值为 false。

表 1-J2-6　常用逻辑运算符

运算符	描述	举例
&&	逻辑与，当且仅当左右两边的布尔型数据同时为 true，结果才为 true	a&&b, 结果为 false
||	逻辑或，只要左右两边有一个布尔型数据为 true，结果为 true	a||b, 结果为 true
!	逻辑非，取右边布尔数据的相反值，当右边的布尔数据为 false 时，结果为 true	!a, 结果为 false !b, 结果为 true

逻辑与"&&"和逻辑或"||"又称短路运算符。什么是短路呢？只要左边表达式运算结果的布尔值满足一定条件，不再计算右边表达式的值，也就是说右边表达式被短路了。下面列出了逻辑运算符发生短路的情景。

逻辑与"&&"：左边表达式运算出来的布尔型数据为 false，右边表达式被短路。

逻辑或"||"：左边表达式运算出来的布尔型数据为 true，右边表达式被短路。

探索演练 1-J2-8　逻辑运算符应用示例。

```java
public class LogicDemo {
    public static void main(String[] args){
        int a=4,  b=3;
        System.out.println("a 的值为 "+a+", b 的值为 "+b);
        System.out.println(a > b ||( ++b >= a));
        System.out.println(" 逻辑或运算后, a 的值为 "+a+", b 的值为 "+b);
        System.out.println(a > b &&( ++b >= a));
        System.out.println(" 逻辑与运算后, a 的值为 "+a+", b 的值为 "+b);
    }
}
```

程序运行结果：

```
a 的值为 4,b 的值为 3
true
逻辑或运算后,a 的值为 4,b 的值为 3
true
逻辑与运算后,a 的值为 4,b 的值为 4
```

5. 条件运算符

条件运算符是唯一的三目运算符，它的符号是"？："，需要 3 个表达式参与运算，使用格式为：

表达式 1？表达式 2：表达式 3

表达式 1 返回的是布尔值，当表达式 1 的值为 true 时，取表达式 2 的值为该整体表达式的运算结果；当表达式 1 的值为 false 时，取表达式 3 的值为该整体表达式的运算结果。示例如下：

```
int a=100;
int b=a > 50 ? 80 :  50;          //a>50 为 true,b 为 80
```

6. 运算符的优先级

当同一表达式中存在多个运算符参与运算时，需要按照一定的顺序执行运算。Java 中运算符的运算顺序和数学中的运算顺序相似，如先算乘除、后算加减，先算括号中的。表 1-J2-7 列出了运算符的优先级。

表 1-J2-7　运算符的优先级

优先级	运算符			
由高到低	（　）			
	［　］	.（点操作符）		
	-（取负数）	!（逻辑非）	++（自增）	--（自减）
	*（乘）	/（除）	%（取余）	
	+（加）	-（减）		
	>（大于）	<（小于）	>=（大于等于）	<=（小于等于）
	==（等于）	! =（不等于）		
	&&（逻辑与）			
	‖（逻辑或）			
	?：（条件运算符）			
	=（赋值，包括复合赋值运算符+=、-=、*=、/=、%=）			

技术模块 3　流程控制语句

通常电商平台会根据购买商品及评价情况给客户一定的积分，根据积分的多少将客户分为不同的等级。如何通过程序代码将积分统计出来呢？用户登录后，怎样根据积分多少告知其用户等级？这就涉及程序的流程控制相关的知识点。

Java 程序是由若干语句组成的，通常情况下，计算机按照语句的先后顺序逐条执行语句。流程控制可以控制语句按照一定的规则执行。

流程控制结构可以分为顺序结构、选择（分支）结构和循环结构。

技术点 1　选择语句

选择语句也叫分支语句，分为 if 语句和 switch-case 语句。if 语句有单分支 if 语句、多分支 if 语句和 if 语句嵌套。

1. 单分支 if 语句

if 语句用于条件判断，如果满足某种条件就执行某种操作，否则不执行。单分支 if 语句只有一种选择，要么执行某操作，要么不执行。其语法格式如下：

```
if(布尔表达式){
    语句块;
}
```

布尔表达式返回的值为 true 或 false。当返回 true 时，执行花括号内的语句块；当返回 false 时，不执行花括号内的语句块。

探索演练 1-J3-1　单分支 if 语句示例。

根据某电商平台登录次数记录，判断用户是否是新用户。

```java
public class CheckNewDemo1 {
    public static void main(String[] args){
        int n=1;        //声明整型变量n,表示客户第几次登录
        if(n == 1){
            System.out.println("该客户为新用户,享受新用户优惠券哦! ");
        }
        if(n > 1){
            System.out.println("该客户为老用户,欢迎再次光临哦! ");
        }
    }
}
```

程序运行结果:

该客户为新用户, 享受新用户优惠券哦!

如果将上面程序中 n 的值改为大于 1 的整数, 就会输出 "该客户为老客户, 欢迎再次光临哦!"。

2. 多分支 if 语句

在程序设计中, 经常遇到当满足某种条件时执行某种操作, 否则执行其他操作的情景。这时候单分支 if 语句就不能满足程序设计需要了, Java 语言中使用多分支 if 语句完成此功能。其语法格式如下:

```
if(布尔表达式){
    语句块1;
} else {
    语句块2;
}
```

当布尔表达式的返回值为 true 时, 执行 if 后面的语句块 1, else 后面的语句块 2 不会被执行; 当布尔表达式的返回值为 false 时, if 后面的语句块 1 会被跳过, 执行 else 后面的语句块 2。

探索演练 1-J3-2 多分支 if 语句示例。

```
public class CheckNewDemo2 {
    public static void main(String[] args){
        int n=5;          //声明整型变量n,表示客户第几次登录
        if(n == 1){
            System.out.println("该客户为新用户,享受新用户优惠券哦! ");
        } else {
            System.out.println("该客户为老用户,欢迎再次光临哦! ");
        }
    }
}
```

程序运行结果:

该客户为老用户, 欢迎再次光临哦!

3. if 语句嵌套

在 if 或 else 的语句块中还包含其他 if 语句的情形, 称为 if 语句嵌套。其语法格式如下:

```
if(布尔表达式1){
    // 布尔表达式1为 true 时执行的代码;
    if(布尔表达式2){
        // 布尔表达式2为 true 时执行的代码;
        if(布尔表达式3){
            // 布尔表达式3为 true 时执行的代码;
        }
    }
}else{
    布尔表达式1为 false 时执行的代码;
}
```

上面的语法格式只是 if 语句嵌套的一种情形,实际软件开发过程中会遇到各种复杂的逻辑处理,要根据实际情况设计 if-else 语句。

探索演练 1-J3-3 if 语句嵌套示例。

探索演练 1-J3-2 中有个问题,未处理 n 的值小于 1 的情况。

```java
public class CheckNewDemo3{
    public static void main(String[] args){
        int n=5;          // 声明整型变量 n,表示客户第几次登录
        if(n< 1){
            System.out.println(" 数据有误! ");
        }else{
            if(n == 1){
                System.out.println(" 该客户为新用户,享受新用户优惠券哦! ");
            }else{
                System.out.println(" 该客户为老用户,欢迎再次光临哦! ");
            }
        }
    }
}
```

程序运行结果:

该客户为老用户,欢迎再次光临哦!

探索演练 1-J3-4 练习 if-else 嵌套语句。

表 1-J3-1 为某电商平台用户成长值和相应会员等级。使用 if-else 嵌套语句,根据用户成长值情况输出用户会员等级。

表 1-J3-1 某电商平台用户成长值和相应会员等级

用户成长值	会员等级
$[0, 500)$	注册会员
$[500, 1000)$	铜牌会员
$[1000, 3000)$	银牌会员
$[3000, 5000)$	金牌会员
$[5000, +\infty)$	钻石会员

```java
public class UserLevel{
    public static void main(String[] args){
        int points=1000;        //声明并初始化整型变量 points,用来表示用户成长值
        if(points >= 0){
            if(points< 500){
                System.out.println("该用户为注册会员! ");
            }
            if(points >= 500 && points< 1000){
                System.out.println("该用户为铜牌会员 ");
            }
            if(points >= 1000 && points< 3000){
                System.out.println("该用户为银牌会员 ");
            }
            if(points >= 3000 && points< 5000){
                System.out.println("该用户为金牌会员 ");
            }
            if(points >= 5000){
                System.out.println("该用户为钻石会员 ");
            }
        }else{
            System.out.println("数据有误! ");
        }
    }
}
```

程序运行结果：

该用户为银牌会员

改变程序中 points 的值到不同等级会员对应的成长值区间，可以发现输出结果会发生变化。

技能贴士

运行带参数的 Java 程序

修改探索演练 1-J3-2 中的代码, 程序运行人员在运行程序时, 输入客户获得的 points, 即可运行带参数的 Java 程序。修改后的程序如下:

```java
public class UserLevel{
    public static void main(String[] args){
        int points=Integer.parseInt(args[0]);      // 获得程序执行时的第一个参数
                                                    //    值作为用户成长值

        if(points< 0){
            System.out.println("用户成长值不能为负数! ");
        }else{
            if(points >= 500){
            if(points< 1000){
                System.out.println("该用户为铜牌会员");
            }
            if(points >= 1000 && points< 3000){
                System.out.println("该用户为银牌会员");
            }
            if(points >= 3000 && points< 5000){
                System.out.println("该用户为金牌会员");
            }
            if(points >= 5000){
                System.out.println("该用户为钻石会员");
            }
            }else{
                System.out.println("该用户为注册会员! ");
            }
        }
    }
}
```

（1）通过命令行运行带参数的程序

通过命令行执行带参数的 java 程序的简化命令格式如下:

java< 主类 > [args...]

其中 args... 为 main 方法中的参数, 也就是数组中各个元素的值, 如果是多个参数, 按顺序写参数, 中间用空格隔开。

打开命令行工具, 切换到文件所在目录, 在命令行执行编译命令 javac UserLevel.java, 然后执行运行命令 java UserLevel 1000, 看到命令行输出 " 该用户为银牌会员 ", 如图 1-J3-1 所示。

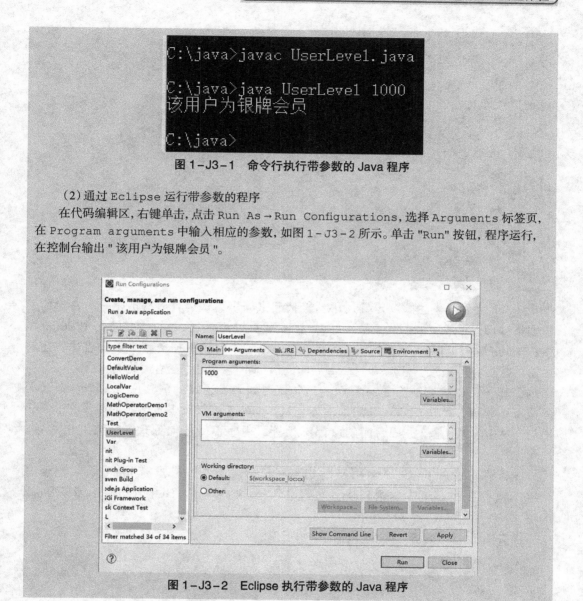

图 1-J3-1 命令行执行带参数的 Java 程序

（2）通过 Eclipse 运行带参数的程序

在代码编辑区，右键单击，点击 Run As→Run Configurations，选择 Arguments 标签页，在 Program arguments 中输入相应的参数，如图 1-J3-2 所示。单击 "Run" 按钮，程序运行，在控制台输出 " 该用户为银牌会员 "。

图 1-J3-2 Eclipse 执行带参数的 Java 程序

4. switch-case 语句

如果要从多个备选方案中选择其中一个，使用 if-else 语句会显得很烦琐。此时可以使用 switch-case 语句。switch-case 语句中没有布尔表达式的判断，而是判断一个值和一系列值中某个值是否相等。switch-case 语句的语法格式如下：

```
switch(表达式){
    case 值1:
        语句块 1;
        break;
    case 值2:
        语句块 2;
        break;
    ...
    case 值N:
        语句块 N;
        break;
    default:
        语句块 N+1;
}
```

　　switch 后面的表达式一定要用小括号括起来，表达式运算后的值是一个常量值，数据类型可以是 byte、short、int、char，从 Java SE 7 开始，switch 支持字符串 String 类型。switch 后面可以拥有多个 case 语句，case 语句中值的数据类型必须和表达式运算后值的数据类型一致，任意两个 case 后面的值都不能相同。表达式的值和哪个 case 后面的值相等，就执行哪个 case 后面的语句块。如果表达式的值和任意一个 case 后面的值都不相等，就执行 default 后面的语句块。default 语句可以省略，如果没有 default 语句且表达式的值和 case 后面的值都不相等，程序不做任何处理，直接跳出 switch 语句。

　　case 语句后的 break 语句用于跳出 switch 语句块。如果没有 break 语句，程序会继续执行后面 case 中的语句块，直到遇到 break 语句。default 语句后不需要 break 语句。

　　探索演练 1-J3-5 switch-case 语句示例。

```java
import java.util.Random;
public class WeekdayDemo{
    public static void main(String[] args){
        Random r=new Random();      //创建 Random 类对象
        int day=r.nextInt(10);
        System.out.println("生成的随机整数为 "+day);
        switch(day){
        case 0:
            System.out.println("快乐星期天");
            break;
```

```
            case 1:
                System.out.println("快乐星期一");
                break;
            case 2:
                System.out.println("快乐星期二");
                break;
            case 3:
                System.out.println("快乐星期三");
                break;
            case 4:
                System.out.println("快乐星期四");
                break;
            case 5:
                System.out.println("快乐星期五");
                break;
            case 6:
                System.out.println("快乐星期六");
                break;
            default:
                System.out.println("数据有误!");
        }
    }
}
```

程序运行结果:

```
生成的随机整数为1
快乐星期一
```

 技能贴士

探索演练1-J3-4中Random为随机数生成器,java.util.Random.nextInt(int bound)返回0到指定的整数bound之间的任意一个整数。由于随机数生成的整数不是固定的,运行结果会随着生成的随机数的变化而发生变化。

技术点2 循环语句

购物节前后,电商经常会送客户一些优惠券以刺激消费。电商的客户很多,要送给所有客户优惠券,这就涉及重复执行很多次相同的动作,在程序设计中,这样的情景可以用循环结构完成。

Java 语言有 3 种循环语句：while 循环语句、do...while 循环语句、for 循环语句。

1.while 循环语句

while 循环是最基本的循环结构，又称当型循环。当满足循环条件时，程序会重复执行循环体中的语句块。其语法格式如下：

```
while(条件表达式){
    循环体;
}
```

while 为关键字，条件表达式为循环执行的条件，返回布尔值，循环开始，首先计算条件表达式的值，当条件表达式返回 true 时，执行循环体，然后再次判断条件表达式的值，直到条件表达式返回 false，循环结束。

探索演练 1－J3－6 while 循环示例。

某电商平台为客户派发优惠券，金额为 1 元和 10 元之间的随机整数。其共派发出 10 张优惠券，统计优惠券的金额。

```
import java.util.Random;
public class CouponDemo{
    public static void main(String[] args){
        int sum=0;      //声明并初始化优惠券的总金额变量 sum,初始值为 0
        int num=0;      //声明并初始化派发出的优惠券张数 num,未派发时,其值为 0
        Random r=new Random();      //创建 Random 类对象
        while(num< 10){
            int amount=r.nextInt(10)+1;      //用随机数生成 1~10 的整数作为优惠券的
                                              金额
            sum=sum+amount;
            num++;
            System.out.println("派发出第"+num+"张优惠券,金额为"+amount+"元");
        }
        System.out.println("派发出的优惠券的总金额为"+sum+"元");
    }
}
```

程序运行结果：

```
派发出第 1 张优惠券,金额为 7 元
派发出第 2 张优惠券,金额为 5 元
派发出第 3 张优惠券,金额为 2 元
派发出第 4 张优惠券,金额为 10 元
派发出第 5 张优惠券,金额为 2 元
派发出第 6 张优惠券,金额为 3 元
派发出第 7 张优惠券,金额为 1 元
派发出第 8 张优惠券,金额为 5 元
派发出第 9 张优惠券,金额为 10 元
派发出第 10 张优惠券,金额为 6 元
派发出的优惠券的总金额为 51 元
```

2. do...while 循环语句

while 循环是先判断条件表达式的值，条件表达式的值为 true 时才执行循环体。如果初次判断条件表达式的值就为 false，则该循体中的语句块永远不会被执行。如果想让循环体至少执行一次，可以用 do...while 循环。其语法格式如下：

```
do{
    循环体;
}while(条件表达式);
```

和 while 循环相同，条件表达式也是返回一个布尔值 true 或 false。如果返回 true，反复执行循环体，直到条件表达式返回 false，循环结束，do...while 循环又称直到型循环。注意：do...while 循环的条件表达式后面有个分号，不能省略。

探索演练 1-J3-7　do...while 循环示例。

电商平台举办购物抽奖得优惠券活动，抽 1 和 5 之间的数字，抽中的数字是几，就将 2 的几次幂更新为优惠券金额。计算优惠券的最大金额是多少。

```
public class MaxAmountDemo{
    public static void main(String[] args){
        int max=1;      // 声明且初始化存储最大值的变量 max
        int num=2;      // 声明且初始化底数
        int i=1;        // 声明且初始化用来记录循环次数的变量
        do{
            max *= num;
            i++;
        }while(i<= 5);
        System.out.println("优惠券的最大金额为 "+max+"元 ");
    }
}
```

程序运行结果：

优惠券的最大金额为 32 元

3. for 循环语句

for 循环是 Java 开发中最常用的循环结构。其语法格式如下：

```
for(初始化表达式; 条件表达式; 条件迭代表达式){
    循环体;
}
```

初始化表达式是赋值语句，用于设置循环变量的初始值。条件表达式是循环执行的条件，返回布尔值。条件迭代表达式一般执行算术运算来改变循环变量的值。for 循环的执行顺序为：先执行初始化表达式，然后判断条件表达式的返回结果是否是 true，是 true 则执行循环体，接下来执行条件迭代表达式改变循环变量的值，用改变后的循环变量的值参与条件表达式的运算，重新计算条件表达式的返回结果。初始化表达式只在循环开始时执行一遍。

探索演练 1-J3-8　for 循环示例。

客户购买热推商品可获得额外购物积分（1~10 分）奖励。某客户购买了 5 种热推商品，计算该客户可获得的额外积分数。

```java
import java.util.Random;
public class PointsDemo{
    public static void main(String[] args){
        int sum=0;                    // 声明并初始化可获得的总积分变量 sum,初始值为 0
        Random r=new Random();    // 创建 Random 类对象
        for(int i=0;  i< 5;  i++ ){
            int point=r.nextInt(10) +1;
            sum=sum+point;
            System.out.println("获得积分 "+point);
        }
        System.out.println("总共获得积分 "+sum);
    }
}
```

程序运行结果：

获得积分 1
获得积分 8
获得积分 4
获得积分 2

获得积分 8
总共获得积分 23

4. 循环嵌套

实际软件开发过程中，单重循环有时并不能完成功能的设计，可以用多重循环，即循环嵌套，在一个循环的循环体中又嵌套了另一个完整的循环，还可以多重嵌套。

探索演练 1-J3-9 循环嵌套。

某电商平台为 5 个客户分别推送了 3 个商品，用循环嵌套模拟这一场景。

```java
public class PushDemo{
    public static void main(String[] args){
        for(int i=1; i<= 5; i++ ){
            for(int j=1; j<=3; j++ ){
                System.out.println("为客户"+i+"推送商品"+j);
            }
        }
    }
}
```

程序运行结果：

```
为客户1推送商品1
为客户1推送商品2
为客户1推送商品3
为客户2推送商品1
为客户2推送商品2
为客户2推送商品3
为客户3推送商品1
为客户3推送商品2
为客户3推送商品3
为客户4推送商品1
为客户4推送商品2
为客户4推送商品3
为客户5推送商品1
为客户5推送商品2
为客户5推送商品3
```

探索演练 1-J3-10 循环嵌套之画图。

设计程序，打印出如下图形。

```
*
* *
```

```
* * *
* * * *
* * * * *
```

```
public class StarDemo{
    public static void main(String[]args){
        for(int i=0; i<5; i++ ){           //i控制行数,打印5行
            int j=0;                        //j控制列数
            while(j<=i){                    // 当列的标号小于等于行的标号时,打印星形图标,
                                            图标后用空格隔开

                System.out.print("*");      //不换行打印
                j++;
            }
            System.out.println();//换行
        }
    }
}
```

技术点 3　跳转语句

在选择或循环结构中，有时会根据需求进行程序的跳转，如在某些情况下跳出循环。Java 语言通过 break 语句、continue 语句、return 语句实现程序跳转功能。

1. break 语句

break 语句在 switch 语句中已经有所涉及，可用于跳出 switch 语句。在循环语句中，break 语句用于跳出当前循环，即结束当前循环。

探索演练 1－J3－11　break 语句示例。

假设客户在某电商平台设置了免密支付，为防止账户被盗刷，设置单日购物上限金额为 500 元。用随机数生成整数作为客户某天所购某种商品的金额，范围限制在 50 ~ 100 元。模拟该客户购物直至受限场景。

```
public class BreakDemo{
    public static void main(String[] args){
        int sum=0;                          //声明并初始化当日购物消费总金额变量
                                            sum,初始值为0

        Random r=new Random();              //创建Random类对象
        while(true){
            int price=r.nextInt(51)+50;     //随机数生成客户当天购买某种商品所花费
                                            金额
```

```
        sum+= price;                        //累计当日花费金额
        if(sum > 500){                      //若继续购买某商品,判断当日购物总金额是
                                              否超过上限
            System.out.println("该商品价值 "+price+"元,消费受限,购买此物将
                超过当日上限总金额! ");
            break;                          //执行该语句跳出 while 循环
        }else{
            System.out.println("消费 "+price+"元 "+", 今日总计消费 "+sum+
                "元! ";
        }
    }
}
```

程序运行结果:

```
消费 52 元, 今日总计消费 52 元!
消费 96 元, 今日总计消费 148 元!
消费 100 元, 今日总计消费 248 元!
消费 82 元, 今日总计消费 330 元!
消费 79 元, 今日总计消费 409 元!
消费 62 元, 今日总计消费 471 元!
该商品价值 88 元, 消费受限, 购买此物将超过当日上限总金额!
```

2. continue 语句

continue 语句用于跳过循环体中 continue 语句后的其他语句,重新开始下一迭代的循环体。

探索演练 1-J3-12 continue 语句示例。

某商铺举行购物有礼活动,礼品分为 A、B 两种,购买序号为奇数的获得 A 礼品,购买序号为偶数的获得 B 礼品。用程序模拟输出前 10 个购物的客户中获得 A 礼品的人。

分析:本程序其实就是找出 1~10 的奇数。

```
public class ContinueDemo{
    public static void main(String[] args){
        for(int i=1; i<= 10; i++){
            if(i % 2 == 0){
                continue;
            }
            System.out.println("客户购买序号 "+i+", 获得 A 礼品");
        }
    }
}
```

程序运行结果：

客户购买序号 1, 获得 A 礼品
客户购买序号 3, 获得 A 礼品
客户购买序号 5, 获得 A 礼品
客户购买序号 7, 获得 A 礼品
客户购买序号 9, 获得 A 礼品

3. return 语句

return 语句常用于有返回值的方法，用来结束当前方法，并将控制权交给调用该方法的语句。

探索演练 1-J3-13 return 语句示例。

某客户买了两种商品，计算总购物金额。

分析：本程序其实就是计算两个数相加的和。

```java
public class ReturnDemo {
    public static void main(String[] args) {
        int z=sum(10,15);            //假设两种商品的总价分别是 10 元和 15 元
        System.out.println(z);       //输出总价
    }
/**
    * 计算两个数相加的和,并将和返回
    * @param x 加数
    * @param y 加数
    * @return 和
    */
    static int sum(int x,int y){
        return x+y;
    }
}
```

程序运行结果：

25

技术模块 4　数组和字符串

技术点 1　数组

数组是一种引用数据类型，用来存储相同类型的数据。这些数据有相同的数组名称、不同的数组下标。数组中的每一条数据称为数组的元素。接下来我们就来探索如何使用数组。

使用数组分为声明数组、创建数组、访问数组元素、数组的初始化。

1. 声明数组

在使用数组之前，必须先声明。可以使用如下两种方式声明数组：

```
dataType  arrayName[];
dataType[]  arrayName;
```

dataType 为数组中各元素的数据类型，可以是基本数据类型（如 int 型、char 型、boolean 型等），也可以是引用数据类型（如作为对象模板的类名）。方括号既可以放到数据类型后面，也可以放到数组名后面，但是首选的方式为放到数据类型后面。声明数组示例：

```
int[]num;
float[]score;
boolean[]flag;
String[]name;
```

2. 创建数组

创建数组实质上是为数组的每个元素分配存储空间。可以使用 new 关键字创建数组，一般格式为：

```
arrayName=new dataType[arraySize];
```

arraySize 为数组中元素的个数，也就是数组的长度，数组一经创建则长度固定。上面语句的意思是创建 arraySize 个元素的数组，将该数组赋给变量 arrayName。可以通过"数组名 .length"获得数组的长度。创建数组示例：

```
num=new int[10];            //创建包含 10 个元素的整型数组
score=new float[5];         //创建包含 5 个元素的浮点型数组
```

可以把数组的声明语句和创建语句写到一起。程序示例：

```
int[]days=new int[30];       //声明并创建包含 30 个元素的整型数组
double[]marks=new double[10]; //声明并创建包含 10 个元素的双精度浮点型数组
```

还可以通过"{}"创建数组。通过这种方式创建数组时直接为数组的元素赋值。程序示例：

```
int[]weekday={1,2,3,4,5};     //声明并创建含有 5 个元素的整型数组，直接赋值
```

3. 访问数组元素

Java 中通过数组名加数组元素的下标访问数组的元素。数组元素的下标从 0 到数组的长度减去 1，第 n 个元素的下标为 n−1。访问数组元素的格式为：

数组名[下标]

程序示例：

```
days[1];
score[2];
```

4. 数组的初始化

数组的初始化就是为数组元素赋值。不同数据类型的数组在创建以后，有不同的默认值，如整型数组每个元素的默认值为 0，布尔型数组每个元素的默认值为 false。对象类型的数组每个元素的默认值为 null。如果不想使用默认值，可以给数组进行初始化。数组的初始化有 3 种方法。

①用 "{}" 创建数组，创建数组时直接初始化。

②用已经初始化的数组去初始化另一数组。程序示例：

```
boolean[]flag={false,true,false,true};
boolean[]flag2=flag;
```

③直接访问数组的元素进行初始化。

探索演练 1－J4－1 直接访问数组的元素，进行数组的初始化。

某电商平台有一位客户购买了 5 种商品，购买每种商品获得的积分分别为 1、2、3、4、5，请将这位客户购买每种商品所获得的积分存入数组。

```java
public class PointsArrayDemo1{
    public static void main(String[] args){
        int[]points=new int[5];
        System.out.println("整型数组 points 初始化之前各元素的值为：");
        for(int i=0; i< points.length; i++ ){
            System.out.print("points["+i+"] ="+points[i] +" ");
        }
        System.out.println();           //换行
        System.out.println("初始化整型数组 points,各元素初始化的值为：");
        for(int i=0; i< points.length; i++ ){
            points[i] = i+1;            //为整型数组元素赋初值
            System.out.print("points["+i+"] ="+points[i] +" ");
        }
    }
}
```

程序运行结果：

整型数组 points 初始化之前各元素的值为：
points[0] = 0 points[1] = 0 points[2] = 0 points[3] = 0 points[4] = 0
初始化整型数组 points，各元素初始化的值为：
points[0] = 1 points[1] = 2 points[2] = 3 points[3] = 4 points[4] = 5

探索演练 1-J4-2 数组的应用。

计算上述客户总共获得的积分数。

```java
public class SumPointsDemo{
    public static void main(String[] args){
        int[]points=new int[5];
        int sum=0;                     //声明且初始化整型变量sum，表示总积分数
        for(int i=0; i< points.length; i++ ){
            points[i] = i+1;           // 为整型数组元素赋初值
            sum=sum+points[i];
            System.out.print("points["+i+"] ="+points[i] +" ");
        }
        System.out.println();          // 换行
        System.out.println("该客户所获得的总积分数为"+sum);
    }
}
```

程序运行结果：

points[0] =1 points[1] =2 points[2] =3 points[3] =4 points[4] =5
该客户所获得的总积分数为15

5.二维数组

前面探索的技术点，涉及的数组都是只有一个下标，叫作一维数组。要统计 1 位客户一周之内获得的积分数，用一维数组就可以；如果要统计 5 位客户一周之内获得的积分数，可否把 5 个一维数组拼到一起呢？这就涉及二维数组的概念，二维数组有两个下标。

（1）二维数组的声明和创建

二维数组的声明、创建和一维数组相似。一维数组声明时有一个中括号，二维数组声明时有两个中括号。语法格式如下：

```java
dataType  arrayName[][];           //非首选方法
dataType[][]  arrayName;           //首选方法
```

61

创建二维数组的格式为：

```
arrayName=new dataType[arraySize1][arraySize2];
```

二维数组相当于一个二维表格，第一个下标 arraySize1 相当于表格的行，第二个下标 arraySize2 相当于表格的列。例如，要统计 5 位客户一周之内获得的积分数，可以创建如下二维数组：

```
int[][]points =new int[5][7];
```

第一个下标 5 表示 5 位客户，也就是说表格的行数为 5；第二个下标 7 表示 7 天，也就是说表格的列数为 7。该数组是一个具有 5 行 7 列的二维表格，每个单元格存储二维数组的一个元素，元素的值为一个客户某天获得的积分数。元素有两个下标，第一个是行下标，第二个是列下标，第一个行下标为 0，第二个列下标也为 0，如表 1-J4-1 所示。

表 1-J4-1　二维数组示例

类别	列索引 0	列索引 1	列索引 2	……	列索引 6
行索引 0	points［0］［0］	points［0］［1］	points［0］［2］	……	points［0］［6］
行索引 1	points［1］［0］	points［1］［1］	points［1］［2］	……	points［1］［6］
行索引 2	points［2］［0］	points［2］［1］	points［2］［2］	……	points［2］［6］
行索引 3	points［3］［0］	points［3］［1］	points［3］［2］	……	points［3］［6］
行索引 4	points［4］［0］	points［4］［1］	points［4］［2］	……	points［4］［6］

可以通过"数组名 .length"得到二维数组的行数，通过"数组名［i］.length"获得二维数组的列数。例如，points.length 的值为 5，points［0］. length 的值为 7。用行数乘以列数就是二维数组中元素的总数。

（2）使用二维数组

探索演练 1-J4-3　二维数组的应用。

计算 5 位客户一周之内获得的积分总数。

```
import java.util.Random;
public class PointsArrayDemo2{
    public static void main(String[] args){
        int[][]points=new int[5][7];   //声明并创建二维数组 points
        int sum=0;   //声明并初始化 5 位客户一周之内获得的积分总数 sum,初始值为 0
        Random r=new Random();   //创建 Random 类对象
```

```
//二维数组的初始化,利用循环生成客户某天购买商品所获得的积分
for(int i=0;i< points.length;i++){  //points.length 为二维数组的行数
    for(int j=0;j< points[i].length;j++){  //points[i].length 为二维
                                                数组的列数
        points[i][j] = r.nextInt(5)+1;   //随机数生成 1~5 的整数,作为客户
                                          某天购买商品获得的积分
        System.out.print(points[i][j]+" ");
    }
    System.out.println();
}

//计算 5 位客户一周之内获得的积分总数
for(int i=0;i< points.length;i++){
    for(int j=0;j< points[i].length;j++){
        sum+= points[i][j];
    }
}
System.out.println("5 位客户一周之内一共获得的积分数为"+sum);
}
}
```

程序运行结果:

```
5 5 5 2 2 5 3
1 3 1 4 4 2 3
3 2 2 5 5 3 1
5 5 1 5 1 3 1
5 1 3 1 4 2 3
5 位客户一周之内一共获得的积分数为 106
```

技术点 2 字符串

通过电商购物时,购物平台都会列出商品的名称、描述信息;在购物高峰时,可能还会见到一些类似"呀,网络开小差了"的提示信息;提交订单时,需要填写收货地址、姓名;收到货物后,可能添加商品评价信息。这些信息在 Java 语言中都可以用字符串类型来表示。

字符串是程序开发中经常使用的对象型数据类型,不属于基本数据类型。Java 语言中常用的字符串类有 String 类和 StringBuffer 类。

1. String 类

(1)字符串的初始化

String 类是一个常量类,查看 String 类的源码可以发现,String 是用 final 修饰的。字符串对象在创建以后不能改变。初始化字符串的方式有两种。

- 直接指向字符串对应的对象。

```
String name="Cindy";
```

- 通过 new 关键字创建一个新的字符串对象。

```
String name=new String("Cindy");
```

虽然这两种方式都可以初始化字符串，但是在内存中有着不同的操作。第一种方式中，如果内存中有"Cindy"字符串对象，系统会直接将 name 指向该字符串对象，不创建新的对象。如果内存中没有"Cindy"字符串对象，系统会创建一个新的字符串对象，然后将 name 指向新创建的字符串对象。第二种方式中，无论内存中是否有该字符串对象，都会新创建一个"Cindy"字符串对象。

（2）字符串常用操作

字符串常用操作包括字符串比较、获得字符串长度、提取子字符串、字符串查找、字符串格式检查、字符串变换等。表 1-J4-2 介绍了 String 类常用方法。

表 1-J4-2　String 类常用方法

方法	描述
equals（Object anObject）	将此字符串与指定的对象进行比较
equalsIgnoreCase（String anotherString）	将此字符串与另一个字符串比较，忽略大小写
length（）	返回此字符串的长度
substring（int beginIndex）	返回当前字符串的一个子字符串。子字符串始于当前字符串指定索引处的字符，一直到当前字符串的结尾
substring（int beginIndex, int endIndex）	返回当前字符串的一个子字符串。子字符串始于当前字符串索引 beginIndex 处的字符，一直到索引 endIndex-1 处的字符
indexOf（String str）	返回指定子字符串第一次出现的字符串中的索引
startsWith（String prefix）	测试此字符串是否以指定的前缀开头
endsWith（String suffix）	测试此字符串是否以指定的后缀结尾
toLowerCase（）	把字符串中的所有字符都转变成小写
toUpperCase（）	把字符串中的所有字符都转变成大写
concat（String str）	将指定的字符串 str 连接到原字符串的末尾
replace（CharSequence target, CharSequence replacement）	将原字符串中与文字目标序列匹配的每个子字符串替换为指定的文字替换序列
trim（）	去掉原字符串首尾的空白
split（String regex）	用给定的字符串 regex 把原字符串分隔成一个字符串数组

探索演练 1-J4-4　字符串常用操作。

```java
public class StringDemo{
    public static void main(String[] args){
        String str1="Hello";
        String str2="Java";
        String str3=str1.concat(str2);
        System.out.println(str3);
        System.out.println(str2.equals(str1));
        System.out.println(str3.substring(5));
        System.out.println(str3.startsWith("H"));
        System.out.println(str3.replace("Java","World"));
    }
}
```

程序运行结果：

```
HelloJava
false
Java
true
HelloWorld
```

2. StringBuffer 类

String 类是不可改变的，如果增加、修改或删除 String 对象中的字符，就会创建一个新的 String 对象出来，也就是说会占用更多的内存。实际软件开发过程中，经常涉及字符串变更操作，为此，Java 语言提供了 StringBuffer 类。StringBuffer 为线程安全的可变字符序列，是类似 String 的字符串缓冲区，缓冲区不能改，但里面可以改，通过某方法可以改变序列的长度和内容。

（1）创建 StringBuffer 对象

一定要通过 new 关键字创建 StringBuffer 对象，常用的方式如下：

```java
StringBuffer strb1= new StringBuffer("hello");
```

上面的语句创建了一个指向"hello"的 StringBuffer 对象。

也可以创建一个空的 StringBuffer 对象，语句示例如下：

```java
StringBuffer strb2=new StringBuffer();
```

（2）StringBuffer 常用操作

表 1-J4-3 列出了 StringBuffer 类常用方法。

表 1–J4–3　StringBuffer 类常用方法

方法	描述
append（dataType variable）	添加 variable 对应的字符串到 StringBuffer 对象后面
insert（int offset，dataType variable）	把 variable 对应的字符串插入原 StringBuffer 对象的 offset 位置
toString（）	将 StringBuffer 对象转换成 String 对象
delete（int start，int end）	移除原字符序列中的子字符串
replace（int start，int end，String str）	使用指定的字符串 str 来替换原字符序列中的子字符串
length（）	返回字符序列的长度
charAt（int index）	返回指定索引处的字符

探索演练 1–J4–5　StringBuffer 使用示例。

```java
public class StringBufferDemo{
    public static void main(String[] args){
        StringBuffer strb1=new StringBuffer("Java");// 创建 StringBuffer 对象
        strb1.insert(0,"This is");// 在指定索引处插入字符串
        strb1.append(".It's important.");// 在后面连接字符串
        System.out.println(strb1);// 打印输出当前 StringBuffer 对象的内容
        strb1.delete(0,8);// 删除指定索引处的子字符串
        System.out.println(strb1);// 打印输出执行删除操作后 StringBuffer 对象的内容
        strb1.replace(4,9," is");// 用指定字符串替换指定索引处的子字符串
        System.out.println(strb1);// 打印输出执行替换操作后 StringBuffer 对象的内容

        StringBuffer strb2=new StringBuffer("bat");// 创建一个新的 StringBuffer 对象
        System.out.println(strb2);// 打印输出新创建的 StringBuffer 对象的内容
        strb2.reverse();// 将新创建的 StringBuffer 对象中的字符序列反转
        System.out.println(strb2);// 打印输出反转后的 StringBuffer 对象中的内容
    }
}
```

程序运行结果：

```
This is Java.It's important.
Java.It's important.
Java is important.
bat
tab
```

（3）String 类和 StringBuffer 类的比较

如果要比较两个字符串的内容是否相等，可以使用 String 类的 equals（）方法。如果要比较的是两个字符串的内存地址是否相同，即看看两个字符串引用的是不是同一个对象，用"＝＝"，也可以通过"＝＝"比较两个 StringBuffer 对象指向的地址是否相同。

探索演练 1－J4－6　String 类和 StringBuffer 类比较示例。

```
public class StrAndStrbCompareDemo{
    public static void main(String[] args){
        System.out.println("******String类******");
        String str1="Hello";// 获得 String 对象 str1
        String str2=str1;// 让 str2 指向 str1 指向的对象
        // 输出改变 str2 之前 str1 和 str2 中的内容
        System.out.println("改变 str2 前, str1 的内容:"+str1);
        System.out.println("改变 str2 前, str2 的内容:"+str2);
        // 判断 str2 和 str1 的地址是否相同, 若相同说明二者指向的是同一对象, 否则是不同对象
        System.out.println("判断两个字符串的地址是否相同");
        System.out.println(str1 == str2);
        str2=str2+"World";// 改变 str2
        // 输出改变 str2 之后 str1 和 str2 中的内容
        System.out.println("------改变 str2 的内容啦------");
        System.out.println("改变 str2 后, str1 的内容:"+str1);
        System.out.println("改变 str2 后, str2 的内容:"+str2);
        System.out.println("判断两个字符串的地址是否相同");
        System.out.println(str1 == str2);

        System.out.println("******StringBuffer类******");
        StringBuffer strb1=new StringBuffer("Hello");// 创建 StringBuffer 对象 strb1
        StringBuffer strb2=strb1;// 将 StringBuffer 对象 strb2 指向 strb1
        // 输出改变 strb2 之前 strb1 和 strb2 中的内容
        System.out.println("改变 strb2 前, strb1 的内容:"+strb1);
        System.out.println("改变 strb2 前, strb2 的内容:"+strb2);
        // 判断 strb2 和 strb1 的地址是否相同, 若相同说明二者指向的是同一对象, 否则是
          不同对象
        System.out.println("判断两个字符串的地址是否相同");
        System.out.println(strb1 == strb2);
        strb2=strb2.append("world");// 改变 strb2
        // 输出改变 strb2 之后 strb1 和 strb2 中的内容
        System.out.println("------改变 strb2 的内容啦------");
        System.out.println("改变 strb2 后, strb1 的内容:"+strb1);
        System.out.println("改变 strb2 后, strb2 的内容:"+strb2);
        System.out.println("判断两个字符串的地址是否相同");
        System.out.println(strb1 == strb2);
    }
}
```

程序运行结果：

```
******String 类 ******
改变 str2 前，str1 的内容：Hello
改变 str2 前，str2 的内容：Hello
判断两个字符串的地址是否相同
true
------改变 str2 的内容啦------
改变 str2 后，str1 的内容：Hello
改变 str2 后，str2 的内容：HelloWorld
判断两个字符串的地址是否相同
false
******StringBuffer 类 ******
改变 strb2 前，strb1 的内容：Hello
改变 strb2 前，strb2 的内容：Hello
判断两个字符串的地址是否相同
true
------改变 strb2 的内容啦------
改变 strb2 后，strb1 的内容：Helloworld
改变 strb2 后，strb2 的内容：Helloworld
判断两个字符串的地址是否相同
true
```

实施交付

这里只列出了各任务的关键代码，完整代码及实施交付讲解视频，请微信扫码下载。

任务 1　客户信息数据集

```java
public class ApplicationMain{

    public static int CUSTOMERCOUNT=5;
    public static int GOODSCOUNT=9;
    private static String[]userNames={"10000","10001","10002","10003","10004" };
    private static String[]goodsNames={"大数据技术原理与应用","Spark 大数据分析 ",
    "数据可视化","人工智能"," 神经网络与深度学习"," 机器学习实战"," 商务谈判 ",
    "管理经济学","企业管理学"};

    public static void main(String[] args){
        // 添加测试数据集代码，将数据集中的数据输出
```

```
            // 在此添加任务 3 代码
        }
            // 在此添加任务 2 代码
}
```

任务 2　系统子功能接口

```
private static void showCustomerInfo(){
    System.out.println(Constants.CUSTOMER_INFO);
    for(int i=0; i< userNames.length; i++){
        System.out.println(userNames[i]);
    }
}

private static void showBookInfo(){
    System.out.println(Constants.GOODS_INFO);
    for(int i=0; i< goodsNames.length; i++ ){
        System.out.println((i+1) +":"+goodsNames[i]);
    }
}

private static void collectTracks(){
    System.out.println(Constants.COLLECT_TRACKS);
}

private static void analyze(){
    System.out.println(Constants.ANALYZE);
}

private static void push(){
    System.out.println(Constants.PUSH);
}
```

任务 3　用户交互菜单

```
// 在 main 方法调用 menu 方法
public static void menu(){

    while(true){
        // 显示菜单
```

```java
System.out.println(Constants.INFO_MENU);
// 要求用户选择菜单
System.out.println(Constants.QUESTION_CHOISE_MENU);
// 获取用户对于菜单的选择
String value=scanner.next();

// 显示用户输入的菜单序号
System.out.println(Constants.CUSTOMER_CHOISE+value);
// 获取用户的选择(如果用户不输入退出应用的编号则始终显示菜单)
int choise=Integer.parseInt(value);
switch(choise){
case 1: // 展示客户信息
    showCustomerInfo();
    System.out.println(Constants.SPLIT_1);
    showBookInfo();
    break;
case 2: // 采集数据,模拟客户访问电商平台
    collectTracks();
    break;
case 3: // 分析客户轨迹数据
    analyze();
    break;
case 4: // 模拟客户预购物,推送书籍
    push();
    break;
case 5: // 退出当前应用程序
    System.exit(0);
    break;
default: // 不在 1~5 的功能范围内再次显示菜单
    continue;
    }
  }
}
```

迭代二　开卷有益——大数据精准营销之快速原型设计

用户故事

本迭代构建整个项目体系蓝图，对系统进行梳理和设计，创建项目基本对象，完成大数据推送系统原型。客户根据系统菜单提示，输入所要执行操作的菜单序号后，系统会执行相应的指令，可展示客户和书籍信息，模拟客户访问电商平台并采集客户轨迹数据，分析客户轨迹数据，为客户打标签，当客户再次访问电商平台预购物时，为客户推送书籍。暂时不连接数据库，数据在程序中通过数组存储。

任务看板

企业进行软件开发时，首先要搭建软件架构，设计企业级软件结构，再开始实施开发任务。本迭代要完成搭建软件架构和结构、创建核心对象、创建数据集、数据采集、分析客户轨迹数据、为客户推送商品（表 2-0-1）。本迭代仍然通过控制台实现用户操作互动。

表 2-0-1　任务及描述

任务	描述
任务 1　搭建软件架构和结构	搭建软件架构，设计包结构和类
任务 2　创建核心对象	创建核心对象类，包括书籍对象、客户对象、标签对象、客户轨迹对象
任务 3　创建数据集	在迭代一的基础上，完善客户和书籍数据集
任务 4　数据采集	模拟客户访问电商大数据平台，选择关注的商品
任务 5　分析客户轨迹数据	分析客户轨迹数据，为客户打标签
任务 6　为客户推送商品	根据客户标签，为预购物客户推送相关商品

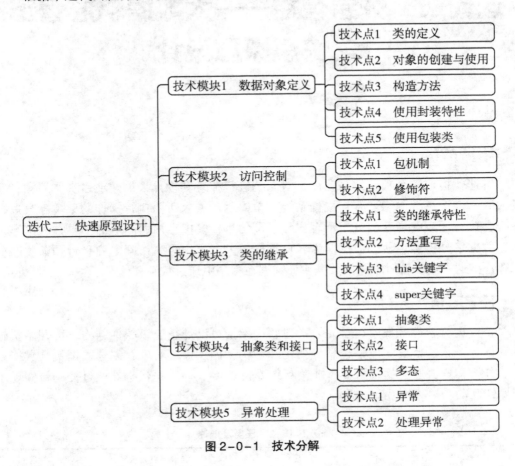

技术探索

根据本迭代的任务，将涉及的技术进行分解，如图 2-0-1 所示。

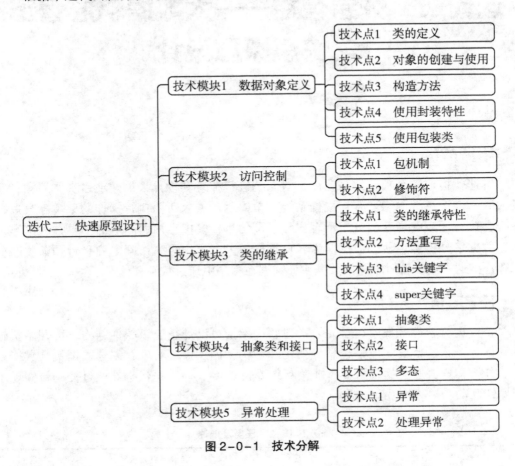

图 2-0-1　技术分解

技术模块 1　数据对象定义

　　面向对象程序设计，其基本体现就是定义类和实例化对象。从设计师的角度看，万物即对象。所以，开发第一步，就是明确项目中的各种对象。以网络购物为例，被购买的每一个商品实例是对象，每个顾客是对象，我们所知的一切都是对象，考虑到庞大的数量，有必要对对象进行抽象归类，以减少程序设计的工作量。例如，所有的被购买对象抽象为商品类，所有的购买者抽象为顾客。明确对象和类之后，下一步的任务就是进行类的定义和使用，实现封装特性，限制外部访问。

　　面向对象编程思想的先进性集中体现为 3 个重要特性，即封装性、继承性和多态性。

　　封装就是把你需要的功能放在一个对象里。例如，通过电商平台购物，电商平台提供付款接口，用户付款时只要选择付款方式、输入密码就可以了，具体付款细节都保留在付款接口，用户无须知道。

　　继承是指类之间共享属性和操作的机制，使用已存在的类的定义作为基础建立新类的技术，可以实现代码复用，提高开发效率。

　　多态就是"具有多种形态"，体现为同名方法表现出的不同操作和功能。例如，动物中猫和狗的叫声是不同的。

　　本迭代主要使用的几个基本对象是书籍、客户、标签、轨迹。在书籍电商大数据推送项目中，用户是系统的使用者。当用户在电商平台浏览或购买商品时，平台会记录用户的行动轨迹。通过对用户轨迹的分析，可以对用户进行分类，之后使用不同标签（tags）进行标记。当用户再次访问电商平台时，根据用户分类标签，可以有针对性地进行信息和商品推送，以提供更高效、精准的服务。

技术点 1　类的定义

　　Java 语言中，类是程序的基本构成要素，是对象的模板，Java 程序中所有的对象都是由类创建的。

　　类的成员变量也就是类的属性，用来描述对象的静态特征，成员方法用来描述对象的动态特征。

　　类的创建语法如下：

```
[访问修饰符] [非访问修饰符] class 类名 [extends 父类名] [implements 接口名列表] {
    // 类体,包括类的成员变量和成员方法
    // 类的成员变量的定义
    [访问修饰符][非访问修饰符]数据类型 成员变量名;
    // 类的方法的定义
    [访问修饰符][非访问修饰符]方法返回值类型 方法名(参数类型 参数名,……){
    // 方法返回值类型:方法可以返回一个相应类型的数据给调用者
    // 参数:调用方法时传递过来的数据
    方法体,方法执行的内容
    }
}
```

注意：

① 访问修饰符，可选，用于指定类的访问权限，包括 public、private、protected；

② 非访问修饰符，可选，用于访问修饰符外的其他修饰符，如 final、abstract；

③ class 类名，必选，用于指定类的名称；

④ extends 父类名，可选，用于类的继承；

⑤ implements 接口名列表，可选，用于实现接口。

类体由一对大括号 {} 包起来，由成员变量和成员方法两部分构成，方法名后带小括号 ( )，括号里是参数列表。参数类型和参数名为可选项。

探索演练 2-J1-1 类的定义。

用户的基本信息有很多，如姓名、性别、年龄、工作单位、家庭住址等，在此出于简单化考虑，只保留必要的字段，如表 2-J1-1 所示。

表 2-J1-1　字段名及描述

字段名	描述
id	用户标识号，唯一的用户标识信息
name	用户的姓名，重要信息
tags	根据用户行为确定的分类标签

```java
public class Customer{
    //成员变量
    public int id;              //用户标识号,唯一的用户标识信息
    public String name;         //用户的姓名
    public String tags;         //根据用户行为确定的分类标签

    //成员方法,用于输出成员变量信息
    public void printInfo(){
        System.out.println("用户id:"+id);
        System.out.println("用户姓名:"+name);
        System.out.println("用户标签:"+tags);
    }
}
```

技术点 2　对象的创建与使用

1.对象的创建

对象是根据类创建的，Java 中使用 new 关键字创建一个新的对象，具体语法格式如下：

```java
类名 对象名=new 类名();
例如,Customer customer=new Customer();
```

2.对象的使用

创建对象以后，就可以使用对象的成员变量和成员方法了。Java 语言通过 "." 运算符访问成员变量和成员方法，语法格式如下：

对象名.成员变量

对象名.成员方法

探索演练 2-J1-2 对象的使用。

```java
public class TestCustomer{
    public static void main(String[] args){
        Customer customer=new Customer();      // 创建对象
        customer.printInfo();                   // 调用类成员方法
        customer.name="张三";
        customer.tags="大数据";
        customer.printInfo();                   // 再次调用类成员方法
    }
}
```

程序运行结果:

```
用户id:0
用户姓名:null
用户标签:null
用户id:0
用户姓名:张三
用户标签:大数据
```

技术点 3 构造方法

1. 构造方法

构造方法是一种特殊的方法,与类同名,对象的创建就是通过构造方法完成的。如果在定义类的时候,未定义构造方法,系统会自动为其添加隐藏的无参构造方法。定义构造方法的语法格式如下:

```
[修饰符]方法名([参数列表]){
    //方法体
}
```

定义构造方法需同时满足以下 3 个条件:

① 构造方法名与类名相同,构造方法可以没有参数,也可以有多个参数;

② 构造方法没有返回类型;

③ 构造方法中不能用 return 语句返回一个值,但是可以单独写 return 语句作为方法结束。

2. 方法重载

在实际场景下，我们通常会根据需要定义多种不同参数的方法。这种方法名相同，但是参数个数、类型不同的定义方式，在 Java 中称为方法重载。

与普通方法一样，构造方法也可以重载，可以根据需要在一个类中定义多个具有不同参数列表的构造方法。

探索演练 2-J1-3 构造方法的重载。

```java
public class Customer{
    //成员变量
    public int id;           //用户标识号,唯一的用户标识信息
    public String name;      //用户的姓名
    public String tags;      //根据用户行为确定的分类标签

    //无参构造方法
    public Customer(){
        System.out.println("无参构造方法");
    }

    //有三个参数的构造方法
    public Customer(int id,String name,String tags){
        System.out.println("有三个参数的构造方法");
        this.id=id;          //传递过来的参数的值赋值给类成员变量,下同
        this.name=name;
        this.tags=tags;
    }

    //成员方法,用于输出成员变量信息
    public void printInfo(){
        System.out.println("用户id:"+id);
        System.out.println("用户姓名:"+name);
        System.out.println("用户标签:"+tags);
    }
}

public class CustomerDemo{
    public static void main(String[] args){
        //调用无参构造方法创建对象
        Customer customer1=new Customer();
        customer1.printInfo();
        //调用有三个参数的构造方法创建对象
```

```
    Customer customer2=new Customer(2,"张三","大数据");
    customer2.printInfo();
  }
}
```

程序运行结果：

```
无参构造方法
用户id: 0
用户姓名: null
用户标签: null
有三个参数的构造方法
用户id: 2
用户姓名: 张三
用户标签: 大数据
```

在有三个参数的构造方法中，使用了 this 关键字，this 指代当前的类对象。this.id 指类成员变量 id，等号右侧的 id 则指的是构造方法的参数 id。语句的意思是，当构造方法被调用执行时，即 new Customer（……）执行时，数据传递给参数 id，参数 id 接收后再赋值给类成员变量。

在类 CustomerDemo 中，创建对象 customer1 时，调用的是无参构造方法；创建对象 customer2 时，调用的是有三个参数的构造方法：小括号里的参数列表会按顺序依次赋值给构造方法参数列表中的参数，即 id=2，name="张三"，tags="大数据"。

技术点 4 使用封装特性

封装，就是把你需要的功能放在一个对象里。例如，发快递时，将物品打包放在一个箱子里，再贴上标签，这样运输和管理起来都比较方便。

在面向对象编程方法中，封装是指类内部实现细节部分包装、隐藏的方法。封装也可以被认为是一个保护屏障，防止该类的代码和数据被外部类定义的代码随机访问。要访问该类的代码和数据，必须通过严格的接口控制。

使用封装能达到的效果为我们能自由修改类内部的实现代码，而不用担心影响到那些调用代码的程序片段。此外，适当的封装可以让程序更容易理解与维护，也加强了程序的安全性。

在之前的范例中，测试类直接调用 Customer 类中的成员变量，这在项目开发中会留下隐患。虽然目前看起来似乎一切正常，但是一个项目包含很多行代码，由很多程序员合作开发，而任何程序都是在不断调整变化的，一处程序改动，会牵连别的若干处随之调整，这些地方又可能带来更多的调整。这个过程就像雪崩，它会是项目开发中潜在的灾难。

要避免这种隐患，要在源头有所约束，这也就是封装技术的由来。封装特性是
Java 面向对象程序设计最为重要的 3 个特性之一。

从编程的角度来看，封装有两个方面的含义。

从外向内看，将数值（属性）和行为（方法）包装到类对象中，在方法内部对属
性进行操作，在类对象的外部调用方法，这样，无须关心方法内部的具体实现细节，
从而降低了软件项目开发的复杂度。

从内向外看，在类对象的内部通过访问控制把某些属性和方法隐藏起来，不允许
在类对象的外部直接访问；同时，在类对象的内部对外提供公开的接口方法（如 getter
和 setter）以访问隐藏的信息，这样，就对隐藏的信息进行了保护。

探索演练 2-J1-4 对 Customer 类进行封装。

首先，把类的属性变为私有（private），这样就只有类内部才能访问。然后，为需
要访问数据的业务提供访问接口（通常是 public 类型），也就是添加 public 修饰的获取
属性值的 get 方法和设置属性值的 set 方法。

```java
public class Customer{
    // 把成员变量设为私有,只能类内部访问
    private int id;    // 用户标识号,唯一的用户标识信息
    private String name;       // 用户的姓名
    private String tags;       // 根据用户行为确定的分类标签

    // 添加 get 和 set 方法,提供读写变量的对外接口
    public int getId(){
        return id;
    }

    public void setId(int id){
        this.id=id;
    }

    public String getName(){
        return name;
    }

    public void setName(String name){
        this.name=name;
    }

    public String getTags(){
        return tags;
    }
```

```java
    public void setTags(String tags){
        this.tags=tags;
    }

    // 无参构造方法
    public Customer(){
    }

    // 成员方法,用于输出成员变量信息
    public void printInfo(){
        System.out.println("用户id:"+id);
        System.out.println("用户姓名:"+name);
        System.out.println("用户标签:"+tags);
    }
}
```

编写测试类:

```java
public class TestCustomer{
    public static void main(String[] args){
        // 调用无参构造方法创建对象
        Customer customer=new Customer();
        customer.setId(2);
        customer.setName("李斯");
        customer.setTags("人工智能");
        customer.printInfo();
    }
}
```

程序运行结果:

```
用户id:2
用户姓名:李斯
用户标签:人工智能
```

技术点 5　使用包装类

包装类可以让基本数据类型获取跟对象一样的属性和特征，行使对象的相关权利，每一种基本数据类型都有对应的包装类型，方便对基本类型进行操作。

JDK5 增加了自动"拆箱"和"装箱"的功能（依靠 JDK5 的编译器在编译期的"预处理"工作）。

"拆箱"（将包装类转换为基本数据类型）：Integer → int。

"装箱"（将基本数据类型转换成包装类）：int → Integer。

在项目开发实践中，我们通常将基本数据类型转换成对象，便于操作。

包装类和基本数据类型的关系，如表 2-J1-2 所示。

表 2-J1-2　包装类和基本数据类型的关系

基本数据类型	包装类
byte	Byte
boolean	Boolean
short	Short
char	Character
int	Integer
long	Long
float	Float
double	Double

技术模块 2　访问控制

技术点 1　包机制

在项目开发过程中，如果你的项目中有几十甚至几百个类，那么无论是命名还是管理都会成为一件麻烦的事。为了更好地组织管理类，Java 提供了包（package）机制，用于区别类名的命名空间。

Java 使用包机制不仅可以防止命名冲突，而且可以提供访问控制功能，方便搜索和定位类（class）、接口（Interface）、枚举（enumerations）等。

包声明语句通常在源文件的第一行，每个源文件只能有一个包声明。如果一个源文件中没有使用包声明，那么源文件会被放在默认的匿名包中，具体的存放位置是项目的根目录下。包名和存放类文件的目录存在一定的对应关系，包名和项目根目录开始的目录名相同。

1. 包的声明和导入

包声明的语法格式为：

```
package 包名称;
```

例如：

```
package test;
package a.b.c.d;                // 在文件夹 /a/b/c/d/ 下存放文件
```

创建包的时候，你需要为包取一个合适的名字，一般来说，应遵循见文知意的原则，另外，包名通常全部是小写字母，使用英文单词或单词组合。

为了能够使用一个包的成员，需要在 Java 程序中明确导入该包，使用 "import" 语句可完成此功能。

包导入的语法格式为：

```
import 包名.类名;               // 导入指定包中的指定类
import 包名.*;                  // 导入指定包中的所有类
```

例如：

```
import test.TestMain;          // test 是包名称，TestMain 是 test 包里面的类
import test.*;                 // 导入 test 包下面所有的类
```

使用了包的 Java 类程序，首行包语句声明类所在的位置。当使用其他包（包括系统包）里的资源时，需要使用导入语句 import 导入其他包的资源。import 语句应位于 package 语句之后、所有类的定义之前，可以没有，也可以有多条。

例如，一个典型 Java 类文件 Book.java 的结构为：

```
package goods;                 // 包语句在第一行，说明文件位置在 goods 包中
import java.util.*;            // 导入语句在 package 语句后、类定义之前
import java.io.*;              // 当导入的类较多时，导入语句可能会有很多行
public class Book{             // 程序代码在 package 语句和 import 语句之后
                               // 类实现略
}
```

2. 包的命名规范

可以把功能相似或相关的类或接口组织在同一个包中，方便类的查找和使用。

如同文件夹一样，包也采用了树形目录的存储方式。同一个包中的类名字必须是不同的，不同包中的类名字可以是相同的，当同时调用两个不同包中相同类名的类时，应该加上包名加以区别。因此，包可以避免名字冲突。

通常，一个公司使用其互联网域名的颠倒形式作为它的包名。这样做的一个很重要的原因是域名是唯一的，不会重复。例如，互联网域名是 test.com，其包名通常以 com.test 开头。从存储角度看，包名中的每一个部分对应文件存储时的一级子目录。

假设学校域名为 biem.edu.cn，颠倒域名为包名 cn.edu.biem。

3. 常用系统包简介

Java 提供了丰富的系统包，可以帮我们完成大多数的基本工作，从而我们可以把更多精力投入具体业务代码的编写。学习使用这些包和类，是我们进行快速 Java 开发的捷径。Java 常用系统包介绍如表 2-J2-1 所示。

表 2-J2-1　Java 常用系统包介绍

系统包	介绍
java.lang	该包提供了 Java 编程的基础类，如 Object、Math、String、StringBuffer、System、Thread 等，不使用该包就很难编写 Java 代码
java.util	该包提供了包含集合框架及遗留的集合类、事件模型、日期和时间实施、国际化和各种实用工具类（字符串标记生成器、随机数生成器和位数组）
java.io	该包通过文件系统、数据流和序列化提供系统的输入与输出
java.net	该包提供实现网络应用与开发的类
java.sql	该包提供了使用 Java 语言访问并处理存储在数据源（通常是一个关系型数据库）中的数据 API
java.awt 和 javax.swing	这两个包提供了图形界面设计与开发的类。java.awt 包提供了创建界面和绘制图形图像的所有类，而 javax.swing 包提供了一组"轻量级"的组件，尽量让这些组件在所有平台上的工作方式相同
java.text	提供了与自然语言无关的方式来处理文本、日期、数字和消息的类和接口

技术点 2　修饰符

1. 访问控制修饰符

Java 中常用的访问控制修饰符有 3 种，即 public、protected、private，但是有 4 种访问控制等级，即 public、protected、default（缺省）、private，其作用如表 2-J2-2 所示。

表 2-J2-2　Java 常用访问控制修饰符的作用

访问控制修饰符	作用
public	对所有类可见
protected	对同一包中的类可见、对同一包及不同包中的子类可见
default	对同一包中的类可见、对同一包中的子类可见
private	仅对类本身可见

这里的可见是可访问的意思，即由这些修饰符修饰的成分（类、属性、方法）可以被其他类访问。对子类可见，即子类可以继承。

public：被声明为 public 的类、方法、构造方法和接口能够被任何其他类访问。如果几个相互访问的 public 类分布在不同的包中，则需要导入相应 public 类所在的包。由于类的继承性，类所有的公有方法和变量都能被其子类继承。

protected：如果子类与父类在同一个包中，被声明为 protected 的变量和方法能被同一个包中的任何其他类访问；如果子类与父类不在同一个包中，那么在子类中，子类实例可以访问其从父类继承而来的 protected 方法。此外，protected 可以修饰方法和成员变量，但不能修饰类（内部类除外）。接口及接口的成员变量和成员方法不能声明为 protected。

default：默认访问控制修饰符即不使用任何访问控制修饰符，使用默认访问控制修饰符声明的变量和方法，对同一个包内的类是可见的。接口里的变量都隐式声明为 public static final，而接口里的方法默认访问权限是 public。

private：私有访问修饰符是最严格的访问级别，所有被声明为 private 的方法、变量和构造方法只能被所属类访问，并且类和接口不能声明为 private。声明为私有访问类型的变量只能通过类中 public 的 get 方法被外部类访问。使用访问修饰符 private 可以隐藏类的实现细节和保护类的数据。Java 的访问控制权限如表 2-J2-3 所示。

表 2-J2-3　Java 的访问控制权限

名称	访问控制权限				
	自身类	同一个包	同一个包中的子类	不同包中的子类	不同包
public	√	√	√	√	√
protected	√	√	√	√	×
default	√	√	√	×	×
private	√	×	×	×	×

任何类、方法、参数、变量，都应该严控访问范围。过于宽泛的访问范围，不利于模块解耦。如果是一个 private 的方法，想删除就删除，可是一个 public 的方法，或者一个 public 的成员变量，如果在项目其他的地方有对它的引用，那么删掉就会导致调用失败，从而引发意外问题发生。

例：验证 default 访问修饰符的效果。

default 默认访问，也就是没写访问修饰符的情况下，同一个包中能访问，不同包不能访问。我们在 test1 包中编写一个类包含 default 成员变量，在同一个包中可顺利访问，在另一个包 test2 中，不能正常访问，会报错。

（1）创建 test1 包、test2 包，在 test1 包中创建类文件 Apple，内含一个 default 访问类型变量 color。

```
class Apple{
    String color;
    Apple(){
        color="Red";
    }
}
```

（2）编写测试文件 /test1/TestDefault.java 和 /test2/TestDefault.java，除 package 语句，其他部分内容相同。

```
package test1; //test2 包下的写 test2
class TestDefault{
    Public static void main(String[] args){
        Apple apple=new Apple();
        System.out.println("The apple's color is"+apple.color);
    }
}
```

（3）分别运行两个文件，test2 包下的 TestDefault 会报错，因为 default 类型变量不能被其他包访问。

2. 非访问修饰符

对类成员变量和方法进行修饰的非访问修饰符主要包含 5 种，分别是 static、final、abstract、synchronized 和 volatile，其作用如表 2-J2-4 所示。

表 2-J2-4　Java 非访问修饰符的作用

非访问修饰符	作用
static	用来修饰类方法和类变量
final	用来修饰类、方法和变量，final 修饰的类不能够被继承，修饰的方法不能被继承类重新定义，修饰的变量为常量，是不可修改的
abstract	用来创建抽象类和抽象方法
synchronized	主要用于多线程的编程
volatile	

技术模块 3 类的继承

技术点 1 类的继承特性

继承是指在现有类的基础上构建新的类，构建出的新类称为子类，现有类称为父类。子类继承父类的特征和行为，使得子类对象（实例）具有父类的属性和方法。

实现继承使用 extends 关键字，语法如下：

```
[访问修饰符][非访问修饰符]class 类名 extends 父类名{
    ......
}
```

继承的注意事项：

① 子类继承父类中非 private 的成员变量和成员方法，同时，注意构造方法不能被子类继承，但可以在子类构造方法中使用 super（ ）来调用。

② 定义类时若缺省 extends 关键字，则所定义的类为 java.lang.Object 类的直接子类。在 Java 语言中，一切类都是 Object 类的直接或间接子类。

③ Java 仅支持单继承，即一个类只有一个直接父类，可以通过单继承支持多级继承，即一个类可以继承某一个类的子类，如类 B 继承了类 A，类 C 又可以继承类 B，那么类 C 也间接继承了类 A。Java 不支持多继承，如类 X 不能既继承类 Y 又继承类 Z，可通过实现多个接口来实现类似多继承的效果。

④ 父类中定义的 private 成员变量和成员方法不能被子类继承，因此在子类中不能直接使用，可以在父类中定义 public 类型的方法，子类可以通过这些方法来实现对父类中 private 成员变量的访问和修改。

探索演练 2-J3-1 类的继承。

```
public class Father{
    private String firstName;
    String lastName;

    void printName(){
        System.out.println("Father:"+firstName+","+lastName);
    }
}

public class Child extends Father{
    String firstName;
    // 子类方法
    void printName2() {
```

```
        System.out.println("Child:"+firstName+","+lastName);
    }
}

public class TestChild{
    public static void main(String[] args){
        Child child=new Child();
        child.lastName="王";
        child.firstName="达";
        System.out.println("继承父类的 printName 方法输出:");
        child.printName();        // 继承父类方法
        System.out.println("调用子类的 printName2 方法输出:");
        child.printName2();        // 子类方法
    }
}
```

程序运行结果:

```
继承父类的 printName 方法输出:
Father:null,王
调用子类的 printName2 方法输出:
Child:达,王
```

在创建子类对象时，先调用父类构造方法，再调用子类构造方法。

子类中并没有声明 lastName，lastName 是从父类继承的，父类中 firstName 是私有的，不能被继承，子类并没有定义 printName 方法，但它可以从父类继承并使用此方法。所以输出结果显示父类的 firstName 为"null"（空），即父类的 firstName 未赋值；父类的 lastName 为"王"，正常赋值。子类可以继承父类的成员变量和成员方法，还可以增加新的成员变量和成员方法。printName2 方法为子类新增方法，输出 lastName 的值为"王"，firstName 的值为"达"。

技术点 2   方法重写

通过继承，子类可以使用父类的方法，有时子类需要对继承的方法进行一些修改，也就是对父类的方法进行重写。需要注意的是，子类中重写的方法需要和父类被重写的方法具有相同的名字、参数列表和返回值类型（或者具有父子关系的返回值类型）。

探索演练 2-J3-2　方法重写。

```java
public class Father{
    private String firstName;
    String lastName;

    void printName(){
        System.out.println("Father:"+firstName+","+lastName);
    }
}

public class Child extends Father{
    String firstName;
    //子类方法
    void printName(){
        System.out.println("Child:"+firstName+","+lastName);
    }
}

public class TestChild{
    public static void main(String[] args){
        Child child=new Child();
        child.lastName="王";
        child.firstName="达";
        System.out.println("调用子类的printName方法输出:");
        child.printName();      //子类方法
    }
}
```

程序运行结果:

```
调用子类的printName方法输出:
Child:达,王
```

子类调用方法 printName 时，调用的是子类重写后的方法 printName。

技术点 3　this 关键字

this 关键字表示某个对象，当其成员变量和局部变量重名时，可以用 this 关键字区分。它主要有以下 3 种用法:

① 使用 this 调用当前类的成员变量;

② 使用 this 调用当前类的成员方法;

③ 使用 this 调用构造方法。

探索演练 2-J3-3 this 关键字。

```
public class Customer{
    private int id;
    private String name;
    private String tag;

    public Customer(int id,String name){
        this.id=id;          //使用this调用当前类的成员变量
        this.name=name;      //使用this调用当前类的成员变量
    }

    public Customer(int id,String name,String tag){
        this(id,name);       //使用this调用当前类的构造方法
        this.tag=tag;
    }

    public void setId(int id){
        this.id=id;
    }

    public int getId(){
        return id;
    }

    public String getName(){
        return name;
    }

    public void setName(String name){
        this.name=name;
    }
    public String getTag(){
        return tag;
    }

    public void setTag(String tag){
        this.tag=tag;
    }
```

```
    @Override
    public String toString(){
        // 使用 this 调用当前类的成员方法
        return "Customer [id="+this.getId()+", name="+this.getName()+",
            tag="+this.getTag()+"]";
    }

    public static void main(String[] args){
        Customer customer1=new Customer(10001,"客户 c0001");
        System.out.println(customer1.toString());
        Customer customer2=new Customer(10002,"客户 c0002","大数据");
        System.out.println(customer2.toString());
    }
}
```

程序运行结果：

```
Customer [id=10001, name=客户 c0001, tag=null]
Customer [id=10002, name=客户 c0002, tag=大数据]
```

技术点 4   super 关键字

Java 语言中使用 super 关键字访问父类的成员变量、成员方法和构造方法，当使用 super 调用父类构造方法时，super 语句必须是子类构造方法的第一个子句。

探索演练 2-J3-4   super 关键字。

```
public class Father{
    String firstName;

    public Father(String firstName){
        System.out.println("Father 构造方法");
        this.firstName=firstName;
    }
    public String getFirstName(){
        return firstName;
    }

    public void setFirstName(String firstName){
        this.firstName=firstName;
    }
```

```
}

public class Child extends Father{

    public Child(String firstName){
        // 使用 super 调用父类的构造方法, super 语句必须是构造方法的第一个子句
        super(firstName);
        System.out.println("Child 构造方法");
    }

    public void printFirtNameByMethod(){
        // 使用 super 调用父类的成员方法
        System.out.println(" 调用父类成员方法 super.getFirstName() ="+super.
            getFirstName());
    }

    public void printFirtNameByVariable(){
        // 使用 super 调用父类的成员变量
        System.out.println(" 调用父类成员变量 super.firstName="+super.
            firstName);
    }

    public static void main(String[] args){
        Child child=new Child("张");
        child.printFirtNameByMethod();
        child.printFirtNameByVariable();
    }
}
```

程序运行结果：

```
Father 构造方法
Child 构造方法
调用父类成员方法 super.getFirstName() =张
调用父类成员变量 super.firstName=张
```

技术模块 4 抽象类和接口

技术点 1 抽象类

在了解抽象类之前，先来了解一下抽象方法。
抽象方法的声明格式为：

```
abstract void fun();
```

对比一下，通常方法定义如下：

```
void fun(){
XXXXX;          // 变量定义若干个
XXXXX;          // 语句若干条
}
```

通过对比可以看出，抽象方法是一种特殊的方法：它只有方法声明，而没有具体的方法实现。

另外，抽象方法必须用 abstract 关键字进行修饰。如果一个类含有抽象方法，则称这个类为抽象类；如果一个类中包含抽象方法，那么该类必须使用 abstract 关键字修饰，这种使用 abstract 关键字修饰的类叫作抽象类。抽象类及抽象方法定义的基本语法格式如下：

```
// 定义抽象类
[访问修饰符] abstract class 类名{
    // 定义抽象方法
    [访问修饰符] abstract 方法返回值类型 方法名([参数列表]);
    // 其他方法或属性
}
```

探索演练 2-J4-1 抽象类不能实例化。

```
public abstract class A{
    void func1(){
        System.out.println("func1: 抽象类 A 中的普通方法 ");
    }

    // 抽象方法
    abstract void func2();
}

public class TestAbstractClass{
    A a=new A();
}
```

如果在 Eclipse 编写上面的程序，会发现类 TestAbstractClass 中有错误提示——"Cannot instantiate the type"，即抽象类不能实例化。

注意，包含抽象方法的类必须定义为抽象类，但抽象类中可以不包含任何抽象方法，不能实例化一个抽象类的对象。如果想使用抽象类中定义的抽象方法，需要创建一个继承抽象类的子类，实现其抽象方法。

探索演练 2-J4-2 使用抽象类。

```java
public abstract class A{
    void func1(){
        System.out.println("func1:抽象类 A 中的普通方法 ");
    }

    // 抽象方法
    abstract void func2();
}

class B extends A{

    @Override
    void func2(){
        System.out.println("func2:类 B 实现的父类 A 的抽象方法 ");
    }
}

public class TestAbstractClass{
    public static void main(String[] args){
        B b=new B();
        b.func1();// 调用普通方法
        b.func2();// 调用类 B 中实现的抽象方法
    }
}
```

程序运行结果：

```
func1:抽象类 A 中的普通方法
func2:类 B 实现的父类 A 的抽象方法
```

技术点 2　接口

接口是一种特殊的抽象类，只包含方法和常量的定义，而没有方法的实现，接口中的方法为抽象方法。Java 语言使用关键字 interface 定义接口。语法格式如下：

```
[访问修饰符] interface 接口名{
    [访问修饰符] [存储修饰符]常量;
    [访问修饰符] [存储修饰符]抽象方法;
}
```

　　接口中可以没有常量，接口文件保存在 .java 结尾的文件中，文件名使用接口名。接口不能用于实例化对象，接口中的方法默认是 public abstract 类型的。当类实现接口的时候，类要实现接口中所有的方法；否则，类必须声明为抽象的类。类使用 implements 关键字实现接口，一个类可以实现多个接口。在类声明中，implements 关键字放在 class 声明后面。语法格式如下：

```
……class 类名 implements 接口列表{
    // 实现接口中的方法
}
```

　　探索演练 2-J4-3　使用接口。

```java
public class Customer{
    private int id;
    private String name;
    private String tag;

    public int getId(){
        return id;
    }

    public void setId(int id){
        this.id=id;
    }

    public String getName(){
        return name;
    }

    public void setName(String name){
        this.name=name;
    }

    public String getTag(){
        return tag;
    }
```

```
    public void setTag(String tag){
        this.tag=tag;
    }

    public String toString(){
        return "Customer [id="+this.getId() +", name="+this.getName() +",
         tag="+this.getTag() +"]";
    }
}

public interface CustomerService{
    public void showCustomerInfo();
}

public class CustomerServiceImpl implements CustomerService{
    public void showCustomerInfo(){
        Customer customer=new Customer();
        customer.setId(10000);
        customer.setName("客户 c0001");
        customer.setTag("大数据");
        System.out.println(customer.toString());
    }

    public static void main(String[] args){
        CustomerService cs=new CustomerServiceImpl();
        cs.showCustomerInfo();
    }
}
```

程序运行结果：

```
Customer[id=10000, name=客户 c0001, tag=大数据]
```

技术点 3 多态

在 Java 语言中，多态是指不同类的对象在调用同一个方法时所呈现出的多种不同行为。前面介绍的方法重载是多态的一种体现。多态还可以通过类的继承和接口来实现。

探索演练 2-J4-4 抽象类实现多态。

```java
public abstract class Member{
    abstract void role();
}

public class CardMember extends Member{
    @Override
    void role(){
        System.out.println("我是普通卡会员");
    }
}

public class GoldCardMember extends Member{
    @Override
    void role(){
        System.out.println("我是金卡会员");
    }
}

public class DiamondCardMember extends Member{
    @Override
    void role(){
        System.out.println("我是钻石卡会员");
    }
}

public class TestMember{
    public static void main(String[] args){
        Member member1=new CardMember();
        Member member2=new GoldCardMember();
        Member member3=new DiamondCardMember();
        member1.role();
        member2.role();
        member3.role();
    }
}
```

程序运行结果:

```
我是普通卡会员
我是金卡会员
我是钻石卡会员
```

探索演练 2-J4-5 接口实现多态。

```java
public interface IMember{
    void role();
}
public class CardMember implements IMember{
    @Override
    public void role(){
        System.out.println("我是普通卡会员");
    }
}

public class GoldCardMember implements IMember{
    @Override
    public void role(){
        System.out.println("我是金卡会员");
    }
}

public class DiamondCardMember implements IMember{
    @Override
    public void role(){
        System.out.println("我是钻石卡会员");
    }
}

public class TestMember{
    public static void main(String[] args){
        IMember member1=new CardMember();
        IMember member2=new GoldCardMember();
        IMember member3=new DiamondCardMember();
        member1.role();
        member2.role();
        member3.role();
    }
}
```

程序运行结果：

我是普通卡会员
我是金卡会员
我是钻石卡会员

技术模块 5　异常处理

技术点 1　异常

异常是指程序运行中所发生的可预料或不可预料的事件，它会引起程序的中断，影响程序的正常运行。为了能够及时有效地处理意外事件，Java 提供了异常处理机制。异常处理机制能让程序在异常发生时，按照预先设定的异常处理逻辑运行，增强程序的健壮性。异常类的层次关系如图 2-J5-1 所示。

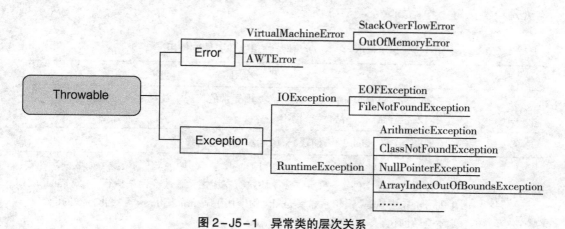

图 2-J5-1　异常类的层次关系

异常的最上层根接口是 Throwable，其下有 2 个子接口，Error 和 Exception。Error 是系统级的错误，是程序运行时产生的系统内部错误或资源耗尽的错误，如内存溢出，这些错误是不能靠修改程序恢复的。Exception 指的是程序运行中产生的异常，用户可以使用异常处理机制进行处理。遇到这类异常，应该尽可能处理异常，使程序继续运行。

异常种类繁多，表 2-J5-1 列出了常见的异常类。

表 2－J5－1　常见的异常类

异常类	描述
ArithmeticException	当出现异常的运算条件时,抛出此异常。例如,一个整数"除以零"时,抛出此类的一个实例
ArrayIndexOutOfBoundsException	用非法索引访问数组时抛出的异常。如果索引为负或大于等于数组大小，则该索引为非法索引
NegativeArraySizeException	如果应用程序试图创建大小为负的数组，则抛出该异常
NullPointerException	当应用程序试图在需要对象的地方使用 null 时，抛出该异常

技术点 2　处理异常

了解了什么是异常，那么在 Java 中应该怎么处理异常呢?

Java 异常处理机制用到的几个关键字有 try、catch、finally、throw、throws。Java 异常处理机制关键字作用如表 2－J5－2 所示。

表 2－J5－2　Java 异常处理机制关键字作用

关键字	作用
try	用于监听。将要被监听的代码（可能抛出异常的代码）放在 try 语句块内，当 try 语句块内发生异常时，异常就被抛出
catch	用于捕获异常。catch 用来捕获 try 语句块中发生的异常
finally	finally 语句块总是会被执行。它主要用于回收在 try 块里打开的资源（如数据库连接、网络连接和磁盘文件）。只有 finally 块执行完成之后，才会回来执行 try 或 catch 块中的 return 或 throw 语句，如果 finally 中使用了 return 或 throw 等终止方法的语句，则不会跳回执行，直接停止
throw	用于手动抛出异常
throws	用在方法定义中，用于声明该方法可能抛出的异常

具体语法格式如下：

```
try{
    //可能会发生异常的代码
}catch(异常类型1 异常名(变量)){
    //异常1的处理代码
}catch(异常类型2 异常名(变量)){
    //异常2的处理代码

}
```

……可以有 0 条或多条 catch 语句

```
finally{
    //finally 语句也可以没有
}
```

注意：

① catch 不能独立于 try 存在，catch 后面的参数不能省略；

② 若程序可能存在多个异常，需要多个 catch 语句进行捕获，如果有一个 catch 语句匹配上，其他 catch 语句就不会被执行；

③ finally 语句块可以缺省，finally 里面的代码最终一定会被执行。

探索演练 2-J5-1 异常处理。

```java
public class ExceptionDemo{
    public static void main(String[] args){
        int x=35;        //声明整型变量 x 作为被除数
        int y=0;         //声明整型变量 y 作为除数
        System.out.println("x 的值是 "+x+", y 的值是 "+y);
        try{
            System.out.println("x 除以 y 的值是："+x / y);
        }catch(ArithmeticException e){
            System.out.println("出现异常, 信息如下 ");
            System.out.println(e);
        }
    }
}
```

程序运行结果：

```
x 的值是 35, y 的值是 0
出现异常, 信息如下：
java.lang.ArithmeticException:/by zero
```

实施交付

这里只列出了各任务的关键代码，完整代码及实施交付讲解视频，请微信扫码下载。

任务 1　搭建软件架构和结构

企业在做软件开发时，通常根据类的功能将项目分为实体层、数据处理层、业务处理层、控制层，另外用 common 包存放一些封装常用公共方法的类。

本迭代仍然通过控制台实现用户操作互动。如图 2-0-2 所示，项目结构分为主程序包、业务处理包（接口：biem.service；实现类：biem.service.impl）、数据处理包（biem.dao）、实体包（biem.entity）、公共类包（biem.common）。

图 2-0-2 项目结构

任务 2 创建核心对象

```java
public class Book{

    private Integer id;      //商品编号
    private String name;     //商品名称
    private String author;   //作者
    private String press;    //出版社
    private String tag;      //标签

    public Book(Integer id,String name,String author,String press,
        String tag){
        this.id=id;
        this.name=name;
        this.author=author;
        this.press=press;
        this.tag=tag;
    }

    public Integer getId(){
        return id;
    }

    public void setId(Integer id){
        this.id=id;
    }
```

```
    public String getName(){
        return name;
    }

    public void setName(String name){
        this.name=name;
    }

    public String getAuthor(){
        return author;
    }

    public void setAuthor(String author){
        this.author=author;
    }

    public String getPress(){
        return press;
    }

    public void setPress(String press){
        this.press=press;
    }

    public String getTag(){
        return tag;
    }

    public void setTag(String tag){
        this.tag=tag;
    }
}
```

任务3　创建数据集

```
public class BookDataSet{

    private Book[]books=new Book[Constants.BOOK_COUNT];

    public BookDataSet(){
```

```
    initBooks();
}

public Book[]getBooks(){
    return this.books;
}

/**
 * 初始化所有的商品, 本例以图书模拟商品集合
 */
private void initBooks(){
    books[0] = new Book(1,"大数据技术原理与应用","林子雨","人民邮电出版社",
        "大数据");
    books[1] = new Book(2,"Spark大数据分析","穆罕默德·古勒","电子工业出版社",
        "大数据");
    books[2] = new Book(3,"数据可视化","陈为","电子工业出版社","大数据");
    books[3] = new Book(4,"人工智能","史蒂芬·卢奇","人民邮电出版社","人工智能");
    books[4] = new Book(5,"神经网络与深度学习","邱锡鹏","机械工业出版社",
        "人工智能");
    books[5] = new Book(6,"机器学习实战","李锐","人民邮电出版社","人工智能");
    books[6] = new Book(7,"商务谈判","赵莉","电子工业出版社","经济管理");
    books[7] = new Book(8,"管理经济学","陈宇峰","机械工业出版社","经济管理");
    books[8] = new Book(9,"企业管理学","宿恺","机械工业出版社","经济管理");
}
}
```

任务4　数据采集

```
/**
 * 模拟采集数据的过程
 */
public void collectData()throws Exception{
    String[]userTracks=consoleService.getUserTracks();
    for(int i=0;i< Constants.CUSTOMER_COUNT;i++){
        Track track=new Track();
        track.setCustomerId(customers[i].getId());
        track.setBook(userTracks[i]);
        tracks[i] = track;
    }
}
```

任务 5 分析客户轨迹数据

```java
/**
 * 分析客户数据，为客户打标签
 *
 * @throws Exception
 */
public void analyze()throws Exception{
    collectData();
    int i=0;
    // 遍历客户关注过的商品，进行分析
    while(i<tracks.length){
        if(tracks[i]!=null){
            // 分析客户轨迹，打标签
            for(int j=0;j< books.length;j++){
                if(tracks[i].getBook().equals(books[j].getName()))
                    customers[i].setTag(books[j].getTag());
            }
        }
        i++;
    }
    System.out.println(Constants.ANALYZE_INFO);
    showCustomerInfo();
}
```

任务 6 为客户推送商品

```java
/**
 * 模拟客户预购物，推送商品
 */
public void push()throws Exception{
    for(int i=0;i< customers.length;i++){
        StringBuffer customerInfo=new StringBuffer(customers[i].getId());
        customerInfo.append(customers[i].getName()).append(Constants.
            PURCHASE_INTENTION).append("\n");
        // 查看客户是否关注过商品，输出客户最近关注过的商品，并根据最近关注过的商品
        //    为其推送商品，如果客户未关注过商品，为客户推送最流行的商品）
        if(!"".equals(customers[i].getTag())){
```

```
            customerInfo.append(customers[i].getName()).append(Constants.
              ATTENTION_TO)
                .append(customers[i].getTag()).append(Constants.BOOKS);
            System.out.println(customerInfo);
            pushBook(i,customers[i].getTag());

        }else{
            customerInfo.append(Constants.CUSTOMER).append(customers[i].
              getId()).append(Constants.NO_ATTENTION_INFO)
                .append("\n");
            customerInfo.append(customers[i].getName()).append(Constants.
              PUSH_POPULAR_GOODS)
                .append(popularGoods).append(Constants.BOOKS);
            System.out.println(customerInfo);
            pushBook(i,popularGoods);
        }
    }
}

/**
* 为客户推送商品
* @throws Exception
*/
private void pushBook(int i, String tags)throws Exception{
    StringBuffer recommendInfo=new StringBuffer("");
    for(int k=0; k< books.length; k++ ){
        if(books[k].getTag().indexOf(tags)> -1){
            recommendInfo.append(Constants.FOR_CUSTOMER).append(customers
              [i].getName()).append(Constants.PUSH)
                .append(books[k].getName() +Constants.NEW_LINE);
        }
    }
    System.out.println(recommendInfo);
}
```

迭代三　开卷有益——大数据精准营销之核心业务构建

用户故事

前面迭代中的数据都是定义在数组中的，并未使用数据库。本迭代模拟真实的推送系统，模拟客户访问电商平台，生成写有客户轨迹数据的 CSV 日志文件，然后读取 CSV 日志文件，将日志数据存入数据库，分析日志数据，为客户打标签，当客户再次访问电商平台时，根据数据分析结果为客户推送商品。本迭代涉及的技术点是企业生产实际会用到的，技术探索过程中将企业中进行软件开发使用到的案例化繁为简，以通俗易懂的实例展现，最终交付一个完整的电商大数据推送系统。

任务看板

本迭代将技术应用提升到新的高度，所用技术更接近企业生产实际，在数据处理过程中，要使用文件和 Java 容器类，最终将数据存储到数据库，涉及的知识点有文件和流、数据库编程、容器类 List、Map 等。结合本迭代用户故事及开发过程中涉及的技术术，将本迭代分为 7 个任务，如表 3-0-1 所示。

表 3-0-1　任务及描述

任务	描述
任务 1　生成客户轨迹数据文件	获取客户轨迹数据，存入 CSV 文件
任务 2　读取客户轨迹数据	读取客户轨迹数据 CSV 文件
任务 3　连接数据库	连接 mysql 数据库，初始化数据库表
任务 4　切换数据源	将测试数据源转换到数据库
任务 5　存储客户轨迹数据到数据库	将客户轨迹数据存储到数据库
任务 6　分析客户轨迹数据	从数据库中获取客户轨迹数据，为客户打标签，写入数据库
任务 7　为客户推送商品	根据客户标签，为预购物客户推送相关商品

🔍 技术探索

根据本迭代的任务，将涉及的技术进行分解，如图 3-0-1 所示。

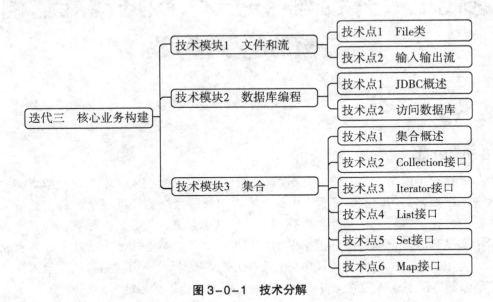

图 3-0-1　技术分解

技术模块 1　文件和流

Java 语言提供输入、输出功能，实现对文件的读写、网络传输等。Java.io 包几乎包含了所有操作输入、输出需要的类。

技术点 1　File 类

File 类封装了一个文件的信息，包括文件的名称、路径及文件的大小等。该类主要用于文件的创建、文件的查找和文件的删除等。在 Java 中，目录也被看作一种文件，因此无论文件还是目录都可以使用 File 类统一处理。

File 类的常用构造方法有以下 3 种（表 3-J1-1）。

表 3-J1-1　File 类的常用构造方法

构造方法	描述
File（String pathname）	通过将给定的路径名字符串转换为抽象路径名来创建新的 File 实例。如果给定的字符串是空字符串，则结果是空的抽象路径名
File（String parent，String child）	从父路径名字符串和子路径名字符串创建新的 File 实例
File（File parent，String child）	从父抽象路径名和子路径名字符串创建新的 File 实例

例如，以下语句就是创建文件对象：

```
File file=new File("D:\\test.csv");
```

创建 File 对象后，就可以创建、删除文件及查看文件的一些信息，常用的方法如表 3-J1-2 所示。

表 3-J1-2 File 类的常用方法

方法	描述
createNewFile（）	在指定位置创建文件，如果该文件已经存在，则不创建，返回 false；如果该文件不存在且已经成功创建，返回 true
mkdir（）	创建文件夹（目录），true 当且仅当目录已创建时；否则为 false
mkdirs（）	创建多级文件夹（目录）。创建此抽象路径名指定的目录，包括任何必需但不存在的父目录
delete（）	删除此抽象路径名表示的文件或目录。如果此路径名表示目录，则该目录必须为空才能被删除
deleteOnExit（）	当调用 deleteOnExit（）方法时，只是相当于对 deleteOnExit（）做一个声明，当程序运行结束，JVM 终止时才真正调用 deleteOnExit（）方法实现删除操作
exists（）	判断此文件或文件夹是否存在
canExecute（）	判断此文件是否可执行
isFile（）	判断此抽象路径名表示的文件是否是一个标准文件
canRead（）	判断此文件是否可读
canWrite（）	判断此文件是否可写
isDirectory（）	判断此抽象路径名表示的文件是否是一个文件夹（目录）
isHidden（）	判断此抽象路径名指定的文件是否是一个隐藏文件
isAbsolute（）	判断此抽象路径名是否为绝对路径名
getName（）	返回由此抽象路径名表示的文件或文件夹（目录）的名称
getPath（）	将此抽象路径名转换为路径名字符串
getAbsolutePath（）	返回此抽象路径名的绝对路径名字符串
length（）	返回由此抽象路径名表示的文件的长度
renameTo（File dest）	重命名此抽象路径名表示的文件

探索演练 3-J1-1 使用 File 类查看文件信息。

```java
import java.io.File;
import java.io.IOException;

public class FileDemo {
    public static void main(String[] args) throws IOException {
        String fileName = "D:" + File.separator + "test.csv";
        File file = new File(fileName);
        if (!file.exists()) {
            if (file.createNewFile()) {
                System.out.println(" 文件创建成功! ");
            } else {
                System.out.println(" 文件创建失败! ");
                return;
            }
        } else {
            System.out.println(" 文件已存在! ");
        }
        // 输出文件的路径
        System.out.println("File 的绝对路径:" + file.getAbsolutePath());
        // 判断 file 是否是一个目录
        System.out.println("File 是否为目录:" + file.isDirectory());
        // 判断 file 是否是一个文件
        System.out.println("File 是否为文件:" + file.isFile());
        // 输出文件的长度
        System.out.println("File 的长度:" + file.length());
        // 输出文件的权限
        System.out.println("File 是否可读:" + file.canRead());
        System.out.println("File 是否可写:" + file.canWrite());
        System.out.println("File 是否可执行:" + file.canExecute());
        // 删除文件
        if (file.delete()) {
            System.out.println(" 文件删除成功! ");
        } else {
        System.out.println(" 文件删除失败! ");
        }
    }
}
```

在本例中，使用 File 类获取 D 盘下的 test.csv 文件信息，如果该文件不存在则先创建，然后输出文件的路径、文件的长度、文件的权限等，最后删除文件，eclipse 中的

程序运行结果：

```
文件创建成功!
File 的绝对路径: D:\test.csv
File 是否为目录: false
File 是否为文件: true
File 的长度: 0
File 是否可读: true
File 是否可写: true
File 是否可执行: true
文件删除成功!
```

技术点 2　输入输出流

　　流是一组有序的数据序列，它连接了文件和程序。在 Java 中所有文件的数据都是使用流读写的。根据流的方向，流可分为两类，即输入流和输出流，也叫 IO 流。IO 流的本质是单向数据传输：用户可以从输入流中读取信息，但不能写它；相反，对输出流，只能往输出流写信息，而不能读它。输入输出流都是成对出现的，其体系结构如图 3-J1-1 所示。

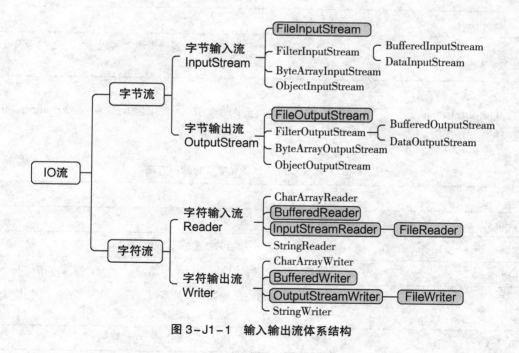

图 3-J1-1　输入输出流体系结构

　　输入输出流按照传输单位的不同分为字节输入流、字节输出流、字符输入流、字符输出流。

1. 字节输入流（InputStream）和字节输出流（OutputStream）

InputStream 是字节输入流的抽象类，它是所有字节输入流的父类。InputStream 接口的常用方法如表 3-J1-3 所示。

表 3-J1-3　InputStream 接口的常用方法

方法	描述
read（）	输入流中读取数据的下一个字节。返回 0 到 255 范围内的 int 字节值，如果已经到达流末尾而没有可用的字节，则返回值为 -1
read（byte [ ] b）	输入流中读入多个字节，存入字节数组 b，返回实际读入的字节数
read（byte [ ] b, int off, int len）	输入流中读入的数据存储到 b 数组是从 off 开始。len 是试图读入的字节数，返回的是实际读入的字节数
int available（）	返回值代表的是在不阻塞的情况下，可以读入或跳过（skip）的字节数
long skip（long n）	跳过当前流的 n 个字节，返回实际跳过的字节数。当 n 为负数时，返回 0
mark（int readlimit）	标记此输入流中的当前位置
void reset（）;	将此流重新定位到上次在此输入流上调用 mark 方法时的位置
markSupported（）	测试此输入流是否支持 mark 和 reset 方法
close（）	关闭此输入流并释放与该流关联的所有系统资源。关闭流之后还试图读取字节，会出现 IOException 异常

OutputStream 是字节输出流的抽象类，它是所有字节输出流的父类。OutputStream 接口的常用方法如表 3-J1-4 所示。

表 3-J1-4　OutputStream 接口的常用方法

方法	描述
write（byte [ ] b）	将字节数组写入此输出流
write（byte [ ] b, int off, int len）	将从偏移量 off 开始的指定字节数组中的 len 字节写入此输出流
write（int b）	将指定的字节写入此输出流，虽然参数是 int，但写入的是 byte
close（）	用于关闭输出流，释放相关的系统资源。关闭之后，该输出流不能再被操作或重新打开，否则抛出异常
flush（）	刷新缓冲区，强制写入所有缓冲区的字节

2. FileInputStream 和 FileOutputStream

FileInputStream 是 InputStream 的子类，它实现了文件的读取，使用字节的方式读取文件。它的常用构造方法如表 3-J1-5 所示。

表 3-J1-5　FileInputStream 类的常用构造方法

构造方法	描述
FileInputStream（File file）	通过打开与实际文件的连接来创建 FileInputStream，该文件由文件系统中的 File 对象 file 命名
FileInputStream（String name）	通过打开与实际文件的连接来创建 FileInputStream，该文件由文件系统中的路径名 name 命名
FileInputStream（FileDescriptor fdObj）	使用文件描述符 fdObj 创建 FileInputStream，该文件描述符表示与文件系统中实际文件的现有连接

例如，创建文件字节输入流：

```
InputStream in=new FileInputStream(new File("d:\\test.csv"));
```

探索演练 3-J1-2　FileInputStream 读取文件。

```java
import java.io.File;
import java.io.FileInputStream;
import java.io.IOException;
import java.io.InputStream;

public class FileInputStreamDemo{

    public static void main(String[] args)throws IOException{
        //TODO Auto-generated method stub
        String fileName="test.csv";
        File file=new File("D:"+File.separator+fileName);
        if(!file.exists()){
            file.createNewFile();
        }
        InputStream in=new FileInputStream(file);

        int b;
        while((b=in.read())!=-1){//read()方法
            System.out.print((char)b);
        }
        in.close();
    }
}
```

在 D 盘下创建 test.csv 文件，输入"Welcome to BIEM!"。输出结果为：

```
Welcome to BIEM!
```

FileOutputStream 是 OutputStream 的子类，它实现了文件的写入，使用字节的方式写入文件。它的常用构造方法如表 3-J1-6 所示。

表 3-J1-6　FileOutputStream 类的常用构造方法

构造方法	描述
FileOutputStream（File file）	创建文件输出流以写入由指定的 File 对象表示的文件
FileOutputStream（String name）	创建文件输出流以写入具有指定名称的文件
FileOutputStream（File file，boolean append）	创建文件输出流以写入由指定的 File 对象表示的文件，append 为 true 时，表示以追加的方式写入文件
FileOutputStream（String name，boolean append）	创建文件输出流以写入具有指定名称的文件，append 为 true 时，表示以追加的方式写入文件
FileOutputStream（FileDescriptor fdObj）	创建要写入指定文件描述符的文件输出流，该文件描述符表示与文件系统中实际文件的现有连接

例如，创建文件字节输出流：

```
OutputStream outputStream=new FileOutputStream(new File("d:\\test.csv"));
```

探索演练 3-J1-3　FileOutputStream 写入数据到文件。

```java
import java.io.File;
import java.io.FileOutputStream;
import java.io.IOException;
import java.io.OutputStream;

public class FileOutputStreamDemo{
    public static void main(String[] args)throws IOException{
        String fileName="test.csv";
        File file=new File("D:"+File.separator+fileName);
        if(!file.exists()){
            file.createNewFile();
        }
        OutputStream outputStream=new FileOutputStream(file);
        // 追加
        //OutputStream outputStream=new FileOutputStream(file,true);
```

```
    String string="Welcome to BIEM!";
    byte []b=string.getBytes();
    outputStream.write(b);
    outputStream.flush();
    outputStream.close();
    }
}
```

查看 D 盘下是否存在 test.csv 文件，如果存在，则先删除文件，再运行程序。test.csv 文件中的内容为"Welcome to BIEM!"。

3. 字符输入流（Reader）和字符输出流（Writer）

字符流是以字符为单位，用于处理字符数据的读取和写入。Reader 类和 Writer 类是字符流的抽象类，它们定义了字符流读取和写入的基本方法。

Reader 类是所有字符输入流的父类，它定义了操作字符输入流的各种方法。

Reader 接口的常用方法如表 3–J1–7 所示。

表 3–J1–7　Reader 接口的常用方法

方法	描述
int read（）	如果调用的输入流的下一个字符可读则返回一个整数。遇到文件末尾返回 –1
int read（char cbuf［］）	从缓冲区读取字符，返回实际读取的字符。遇到文件末尾返回 –1
abstract public int read（char cbuf［］，int off，int len）	从 cbuf 中读取 off 开始的 len 个字符，返回实际读取的字符，遇到文件末尾返回 –1
boolean ready（）	报告此输入流是否已经准备读，如果下一个输入请求不等待则返回 true，否则返回 false
long skip（long n）	跳过 n 个输入字符，返回跳过的字符数
boolean markSupported（）	判断当前输入流是否支持 mark（）操作
void mark（int readAheadLimit）	在输入流的当前位置设立一个标志。该输入流在 readAheadLimit 个字符被读前有效
void reset（）	重置读取位置为上次 mark 标记的位置
abstract public void close（）	关闭当前输入流并释放资源，一旦流被关闭再次调用 read（）、ready（）、mark（）、reset（）或 skip（）将会产生 IOException

Writer 类是定义字符输出流的抽象类。Writer 接口的常用方法如表 3-J1-8 所示。

表 3-J1-8　Writer 接口的常用方法

方法	描述
static Writer nullWriter（）	返回一个新的 Writer，它丢弃所有字符。返回的流最初是打开的，通过调用 close（）方法关闭流，对 close（）后续调用无效。此方法从 jdk11 开始增加
void write（int c）	写一个字符。要写入的字符包含在给定整数值的 16 个低位中，忽略 16 个高位
void write（char [ ] cbuf）	写一个字符数组
abstract void write（char [ ] cbuf，int off，int len）	写一个字符数组的一部分
void write（String str）	写一个字符串
void write（String str，int off，int len）	写一个字符串的一部分
Writer append（CharSequence csq）	将指定的字符序列追加到此 Writer
Writer append（CharSequence csq，int start，int end）	将指定字符序列的子序列追加到此 Writer
Writer append（char c）	将指定的字符追加到此 Writer
abstract void flush（）	刷新流。如果流已保存缓冲区中各种 write（）方法的所有字符，请立即将它们写入其预期目标。如果该目标是另一个字符或字节流，请将其刷新。因此，一次 flush（）调用将刷新 Writers 和 OutputStreams 链中的所有缓冲区
abstract void close（）	关闭流，先刷新。一旦流已关闭，进一步的 write（）或 flush（）调用将导致抛出 IOException。关闭以前关闭的流无效

4. FileReader 和 FileWriter

InputStreamReader 是 Reader 的子类，它实现字节流向字符流的转换，FileReader 是 InputStreamReader 的子类，它实现了从文件中读取字符流数据，它的常用构造方法如表 3-J1-9 所示。

表 3-J1-9　FileReader 类的常用构造方法

构造方法	描述
FileReader（String fileName）	根据文件的路径名来构建一个字符输入流对象
FileReader（String fileName，Charset charset）	根据指定文件的路径名和字符集来创建字符输入流对象
FileReader（File file）	根据文件的对象来创建字符输入流对象
FileReader（File file，Charset charset）	根据指定的文件对象和字符集来创建字符输入流对象
FileReader（FileDescriptor fd）	根据给定读取数据的 FileDescriptor 创新字符输入流对象

探索演练 3-J1-4　FileReader 读取文件。

```java
import java.io.File;
import java.io.FileReader;
import java.io.IOException;
import java.io.Reader;

/**
 * 在执行本程序以前在 d:/test.csv 中输入
 * Hello BIEM 1
 * Hello BIEM 2
 */
public class FileReaderDemo{
    public static void main(String[] args)throws IOException{
        String fileName="D:"+File.separator+"test.csv";
        Reader reader=new FileReader(fileName);
            System.out.println("通过 read()方法读取字符,输出内容如下:");
        int len=-1;
        while((len=reader.read())!=-1){
            System.out.print((char)len);
        }
        System.out.println();
        reader.close();

        reader=new FileReader(fileName);
            System.out.println("通过 read(buf)方法从缓冲区读取字符,输出内容
如下:");
        char[]c=new char[1024];
```

```
    int num=0;
    while((num=reader.read(c))!=-1){
        System.out.println(new String(c,0,num));
    }
    reader.close();
  }
}
```

程序运行结果：

```
通过 read() 方法读取字符,输出内容如下:
Hello BIEM 1
Hello BIEM 2
通过 read(buf) 方法从缓冲区读取字符,输出内容如下:
Hello BIEM 1
Hello BIEM 2
```

　　OutputStreamWriter 是 Writer 的子类，它是字节流通向字符流的桥梁，根据指定的编码写出字节将其转换为字符流。FileWriter 类是 OutputStreamWriter 的子类，它实现了将字符数据写入文件，该类的所有方法都是从 OutputStreamWriter 继承而来的，FileWriter 类的常用构造方法如表 3–J1–10 所示。

表 3–J1–10　FileWriter 类的常用构造方法

构造方法	描述
public FileWriter（String fileName）	根据指定的文件名称创建实例
public FileWriter（String fileName，boolean append）	根据指定的文件名称创建实例，如果第二个参数为 true，表示以追加的形式写入文件
public FileWriter（File file）	根据 File 对象创建实例
public FileWriter（File file，boolean append）	根据 File 对象创建实例，如果第二个参数为 true，表示以追加的方式写数据，从文件尾部开始写起

　　探索演练 3–J1–5　FileWriter 写入数据到文件。

```
import java.io.File;
import java.io.FileWriter;
import java.io.IOException;
import java.io.Writer;
```

```
public class FileWriterDemo{
    public static void main(String[] args)throws IOException{
        //TODO Auto-generated method stub
        String fileName="D:"+File.separator+"test.csv";
        Writer writer=new FileWriter(fileName,true);
        writer.write(System.getProperty("line.separator"));
        writer.write("Hello BIEM 1!");
        writer.write(System.getProperty("line.separator"));
        writer.write("Hello BIEM 2!");
        writer.close();
    }
}
```

本程序是向 D 盘下的 test.cvs 文件中追加内容，如果文件存在，则在文件后面追加：

```
Hello BIEM 1!
Hello BIEM 2!
```

如果文件不存在，则先创建文件，以追加的方式把上两行的内容追加到文件中。

5. BufferedReader 和 BufferedWriter

BufferedReader 类是 Reader 的子类，该类可以实现以行为单位来读取字符流数据。其构造方法如下：

- `public BufferedReader(Reader in, int sz)`
  创建使用指定大小的输入缓冲区的缓冲字符输入流。
- `public BufferedReader(Reader in)`
  创建使用默认大小的输入缓冲区的缓冲字符输入流。

探索演练 3-J1-6 BufferedReader 读取文件。

```
import java.io.BufferedReader;
import java.io.File;
import java.io.FileReader;
import java.io.IOException;

/**
 * 在执行本程序以前在 d:/test.csv 中输入
 * Hello BIEM 1
 * Hello BIEM 2
 */
public class BufferedReaderDemo{
```

```
    public static void main(String[] args)throws IOException{
        String fileName="D:"+File.separator+"test.csv";
        BufferedReader br=new BufferedReader(new FileReader(fileName));
        String str=null;
        while((str=br.readLine())!= null){
            System.out.println(str);
        }
        br.close();
    }
}
```

本程序输出以下内容：

```
Hello BIEM 1
Hello BIEM 2
```

BufferedWriter 是 Writer 的子类，该类可以实现以行为单位来写入字符流数据。其构造方法如下：

- `public BufferedWriter(Writer out)`
  创建使用默认大小的输出缓冲区的缓冲字符输出流。
- `public BufferedWriter(Writer out, int sz)`
  创建使用指定大小的输出缓冲区的缓冲字符输出流。

探索演练 3-J1-7 BufferedWriter 写入数据到文件。

```
import java.io.BufferedWriter;
import java.io.File;
import java.io.FileWriter;
import java.io.IOException;

public class BufferedWriterDemo{
    public static void main(String[] args)throws IOException{
        String fileName="D:"+File.separator+"test.csv";
        BufferedWriter bw=new BufferedWriter(new FileWriter(fileName));
        bw.write("Hello BIEM 1!");
        bw.write(System.lineSeparator());
        bw.newLine();
        bw.write("Hello BIEM 2!");
        bw.close();
    }
}
```

本程序是向文件 test.csv 输入内容，输入后结果如下所示：

6. 字节字符转换流（InputStreamReader 和 OutputStreamWriter）

InputStreamReader 是字符流 Reader 的子类，是字节流通向字符流的桥梁。Output StreamWriter 是字符流 Writer 的子类，是字符流通向字节流的桥梁。在使用的时候可以指定字符集编码，如果不指定字符集编码，将使用平台默认的字符编码。为了提高效率，通常在 BufferedReader 内包装 InputStreamReader，在 BufferedWriter 内包装 Output StreamWriter。

探索演练 3-J1-8 使用 InputStreamReader 和 OutputStreamWriter 实现文件复制功能。

```java
import java.io.BufferedReader;
import java.io.BufferedWriter;
import java.io.File;
import java.io.FileInputStream;
import java.io.FileOutputStream;
import java.io.InputStreamReader;
import java.io.OutputStreamWriter;

public class FileCopyDemo{
    public static void main(String[] args)throws Exception{
        BufferedReader br=new BufferedReader(
                new InputStreamReader(
                        new FileInputStream("D:"+File.separator+"test1.
                        csv")));
        BufferedWriter bw=new BufferedWriter(
                new OutputStreamWriter(
                        new FileOutputStream("D:"+File.separator+"test2.
                        csv")));

        int ch=0;
        //以字符方式显示文件内容
        while((ch=br.read())!=-1){
            System.out.print((char)ch);
            bw.write(ch);
        }
```

```
        if(br != null)
            br.close();
        if(bw != null)
            bw.close();
    }
}
```

程序运行完成后，输出 test1.csv 文件中的内容如下：

```
Hello BIEM 1
Hello BIEM 2
```

把文件 testl.csv 的内容复制到 test2.csv 中：

技术模块 2 　数据库编程

技术点 1 　JDBC 概述

数据库是长期存放在计算机内有组织的、可共享的大量数据的集合。数据库中以表为组织单位存储数据，提供对数据的增加、查询、修改、删除等功能。在实际开发中，项目中的数据通常是存储在数据库中的。Java 语言提供了一套用于执行 SQL 语句的 Java API—Java Database Connect。应用程序可通过 JDBC 连接到数据库，并使用 SQL 语句来完成对数据库中数据的查询、更新和删除等操作（图 3-J2-1）。

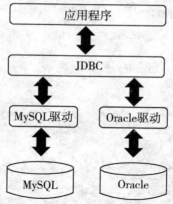

图 3-J2-1 JDBC 连接数据库

JDBC 支持多种数据库访问，包括 Oracle、MySQL、DB2、Microsoft SQL Server 等。本项目选用开源数据库 MySQL。

使用 JDBC 连接数据库之前，需要加载想要连接数据库的驱动到 JVM，这里以 MySQL 为例，下载 MySQL 所需要的驱动程序包 mysql-connector-java.jar。

（1）访问 https：//dev.mysql.com/downloads/connector/j/（图 3-J2-2）。

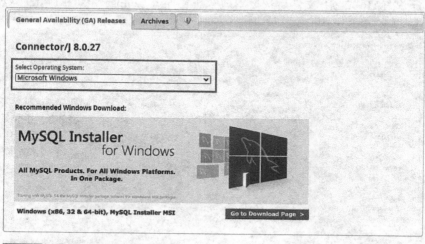

图 3-J2-2 MySQL 驱动

（2）在 Select Operating System 中选择 "Platform Independent"，界面如图 3-J2-3 所示。

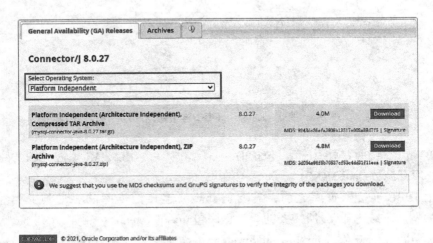

图 3-J2-3　mysql-connector-java.jar 下载界面

（3）下载 TAR 或 ZIP 文件后选择本地解压，导入 Eclipse，如图 3-J2-4 所示。

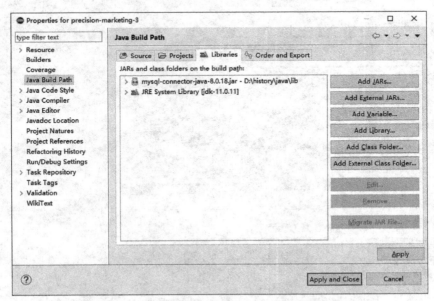

图 3-J2-4　mysql-connector-java.jar 导入 Eclipse

技术点 2 访问数据库

JDBC API 定义了一系列 Java 类，用来表示数据库连接、SQL 语句、结果集、数据库元数据等，能够使 Java 编程人员发送 SQL 语句和处理返回结果。它由一组 Java 类和接口组成，主要存放在 java.sql 包和 javax.sql 包中。

基本的数据库编程服务主要使用 java.sql 包中的类和接口。

使用 JDBC 操作数据库的步骤如图 3-J2-5 所示。

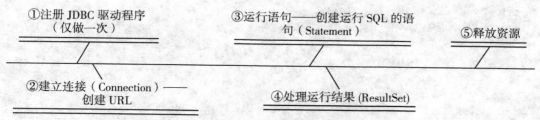

图 3-J2-5 使用 JDBC 操作数据库的步骤

接下来，我们详细看一下使用 JDBC 操作数据库的步骤。

（1）注册 JDBC 驱动程序

在连接数据库之前，首先要加载想要连接数据库的驱动，可以通过 java.lang.Class 类的静态方法 forName（String className）实现。成功加载后，会将 Driver 类的实例注册到 DriverManager 类中。

```
// 加载 MySQL 的驱动类
Class.forName("com.mysql.cj.jdbc.Driver");
```

（2）建立连接（Connection）——创建 URL

要连接数据库，可以通过使用 DriverManager 的 getConnection（String url, String username, String password）方法传入指定的要连接数据库的路径、数据库的用户名和密码来获得。

因为参数中有连接数据库的 URL，因此需要先定义 JDBC 连接的 URL。

· 连接 URL 定义了连接数据库时的协议、子协议、数据源标识。

· 书写形式：

```
协议:子协议:数据源标识
```

协议：在 JDBC 中总是以 jdbc 开始

子协议：是桥连接的驱动程序或数据库管理系统名称。

数据源标识：标记找到数据库来源的地址与连接端口。

```
String url =
"jdbc:mysql://localhost:3306/push?useUnicode=true&serverTimezone=UTC&char
acterEncoding=utf8"
```

本例中使用 jdbc 协议，子协议为 mysql，数据库的主机名和端口为 localhost:3306，项目中的数据库名为 push，连接数据库时设置数据库字符集为 utf8，时区设置为 UTC。

配合连接数据库的用户名和密码，建立数据库连接的代码如下：

```
// 连接 MySQL 数据库,用户名和密码都是 root
String url =
"jdbc: mysql: //localhost: 3306/push?useUnicode=true&serverTimezone=UTC&cha
  racterEncoding=utf8";
String username="root";
String password="root";
Connection con=DriverManager.getConnection(url,username,password);
```

（3）运行语句——创建运行 SQL 的语句（Statement）

要执行 SQL 语句，必须获得 java.sql.Statement 实例，通过 Statement 实例执行静态 SQL 语句，通过 PreparedStatement（Statement 的子类）实例执行动态 SQL 语句。

```
Statement stmt=con.createStatement();
PreparedStatement pstmt=con.prepareStatement("insert into user values
  (?,?)");
```

Statement 接口提供了 3 种执行 SQL 语句的方法，即 ResultSet executeQuery、int executeUpdate 和 execute。

① ResultSet executeQuery（String sqlString）：执行查询数据库的 SQL 语句，返回一个结果集（ResultSet）对象。

② int executeUpdate（String sqlString）：用于执行 INSERT、UPDATE 或 DELETE 语句，以及 SQL DDL 语句，如 CREATE TABLE、DROP TABLE 等。

③ execute（sqlString）：用于执行返回多个结果集、多个更新计数或二者组合的语句。

具体实现的代码：

```
ResultSet rs=stmt.executeQuery("SELECT * FROM …");
int rows=stmt.executeUpdate("INSERT INTO …");
boolean flag=stmt.execute(String sql);
```

（4）处理运行结果（ResultSet）

处理结果有两种情况。

① 执行更新返回的是本次操作影响到的记录数。

② 执行查询返回的结果是一个 ResultSet 对象。

- ResultSet 包含符合 SQL 语句中条件的所有行，并且它通过一套 get 方法提供了对这些行中数据的访问。

- 使用结果集（ResultSet）对象的访问方法获取数据。

```
ResultSet rs=stmt.executeQuery("SELECT id,name FROM book_tbl");
String name=rs.getString("name");    //获得当前记录的name字段的值
String pass=rs.getString(2);         //获得当前记录的第二个字段的值
```

（5）释放资源

操作完成以后要把所有使用的JDBC对象全都关闭，以释放JDBC资源，关闭顺序和声明顺序相反：

①关闭记录集；

②关闭声明；

③关闭连接对象。

```
rs.close();       //关闭记录集
stms.close();     //关闭声明
con.close();      //关闭连接对象
```

探索演练3-J2-1　使用JDBC创建数据表。

```
import java.sql.Connection;
import java.sql.DriverManager;
import java.sql.SQLException;
import java.sql.Statement;

public class JDBC_CreateTable{
    public static void main(String[] args)throws ClassNotFoundException,
SQLException{
        Class.forName("com.mysql.cj.jdbc.Driver");
        String url="jdbc:mysql://localhost:3306/test?useUnicode=true&serverTimezone=UTC&characterEncoding=utf8";
        Connection con=DriverManager.getConnection(url,"root","root");
        Statement stmt=con.createStatement();
        String sql="CREATE TABLE IF NOT EXISTS 'book_tbl'("+
            " 'id' INT PRIMARY KEY AUTO_INCREMENT NOT NULL,"+
            " 'name' VARCHAR(100),"+
            " 'author' VARCHAR(40),"+
            "  'press' VARCHAR(40),"+
            "  'tag' VARCHAR(100)"+
            ")ENGINE=InnoDB DEFAULT CHARSET=utf8;";
        System.out.println(sql);
        stmt.execute(sql);
```

```
        stmt.close();
        con.close();
    }
}
```

运行程序之前查看数据库 test 中是否包含 book_tbl 表格，这里使用 mysql 的命令查看如下：

```
D:\Users\LENOVO>mysql -u root -p
Enter password: ****
Welcome to the MySQL monitor.  Commands end with ; or \g.
Your MySQL connection id is 9
Server version: 8.0.18 MySQL Community Server - GPL

Copyright (c) 2000, 2018, Oracle and/or its affiliates. All rights reserved.

Oracle is a registered trademark of Oracle Corporation and/or its
affiliates. Other names may be trademarks of their respective
owners.

Type 'help;' or '\h' for help. Type '\c' to clear the current input statement.

mysql> use test;
Database changed
mysql> show tables;
Empty set (0.00 sec)

mysql>
```

程序运行完成以后，book_tbl 被创建成功：

```
mysql> show tables;
+----------------+
| Tables_in_test |
+----------------+
| book_tbl       |
+----------------+
1 row in set (0.00 sec)

mysql>
```

126

探索演练 3-J2-2　使用 JDBC 操作数据库。

```java
import java.sql.Connection;
import java.sql.DriverManager;
import java.sql.PreparedStatement;
import java.sql.ResultSet;
import java.sql.SQLException;
import java.sql.Statement;

public class JDBCDemo {
    private static String url = "jdbc:mysql://localhost:3306/test?useUnico
de=true&serverTimezone=UTC&characterEncoding=utf8";
    private static final String USERNAME = "root";
    private static final String PASSWORD = "root";
    //mysql5 及之前的版本使用的是旧版驱动 "com.mysql.jdbc.Driver"
    //private static final String DRIVERNAME = "com.mysql.jdbc.Driver";
    //mysql6 及之后的版本需要更新到新版驱动, 对应的 Driver 是 //"com.mysql.cj.jdbc.
Driver"
    private static final String DRIVERNAME = "com.mysql.cj.jdbc.Driver";

    /**
     * @return 返回一个数据库连接 Connection
     */
    public static Connection getConnection() {
        Connection conn = null;
        try {
            Class.forName(DRIVERNAME);
            conn = DriverManager.getConnection(url, USERNAME, PASSWORD);
        } catch (Exception e) {
            // TODO: handle exception
        }
        return conn;
    }

    /**
     * 删除数据库表
     */
    public static void deleteTable() {
        String sql = "DROP TABLE IF EXISTS 'book_tbl';";
        Connection con = getConnection();
        Statement stmt = null;
        try {
```

```java
            stmt = con.createStatement();
            stmt.execute(sql);
        } catch (Exception e) {
            e.printStackTrace();
        } finally {
            close(stmt, con);
        }
}


/**
 * 创建数据库表
 */
private static void createTable() {
    String sql = "CREATE TABLE IF NOT EXISTS 'book_tbl'("
            + " 'id' INT PRIMARY KEY AUTO_INCREMENT NOT NULL,"
            + " 'name' VARCHAR(100),"
            + " 'author' VARCHAR(40),"
            + " 'press' VARCHAR(40),"
            + " 'ta' VARCHAR(100)"
            + ")ENGINE=InnoDB DEFAULT CHARSET=utf8;";
    Connection con = null;
    Statement stmt = null;
    try {
        con = getConnection();
        stmt = con.createStatement();
        stmt.execute(sql);
    } catch (Exception e) {
        e.printStackTrace();
    } finally {
        close(stmt, con);
    }
}
/**
 * 插入一条记录
 * @param book
 * @return 返回插入的记录的 ID
 */
private static int insert(Book book) {
    Connection conn = getConnection();
    String sql = "insert into book_tbl (name) values(?)";
```

```
        PreparedStatement pstmt = null;
        try {
            pstmt = (PreparedStatement) conn.prepareStatement(sql,
Statement.RETURN_GENERATED_KEYS);
            pstmt.setString(1, book.getName());
            if (pstmt.executeUpdate() == 1) {
                ResultSet rs = pstmt.getGeneratedKeys();
                if (rs.next()) {
                    return rs.getInt(1);
                }
            }
        } catch (SQLException e) {
            e.printStackTrace();
        } finally {
            close(pstmt, conn);
        }
        return -1;
    }


    /**
     * 更新记录
     * @param book
     * @return 返回一个 bean 的实例
     */
    private static int update(Book book) {
        Connection conn = getConnection();
        String sql = "update book_tbl set name='" + book.getName() + "'
where id=" + book.getId();
        PreparedStatement pstmt = null;
        try {
            pstmt = (PreparedStatement) conn.prepareStatement(sql,
Statement.RETURN_GENERATED_KEYS);
            if (pstmt.executeUpdate() == 1) {
                ;
                return book.getId();
            }
        } catch (SQLException e) {
            e.printStackTrace();
        } finally {
            close(pstmt, conn);
```

```
}
    return -1;
  }

  /**
   * 删除一条记录
   * @param book
   * @return
   */
  private static int delete(Book book) {
    Connection conn = getConnection();
    String sql = "delete from book _ tbl where id=" + book.getId();
    PreparedStatement pstmt = null;
    try {
      pstmt = (PreparedStatement) conn.prepareStatement(sql,
Statement.RETURN _ GENERATED _ KEYS);
      if (pstmt.executeUpdate() == 1) {
        ;
        return book.getId();
      }
    } catch (SQLException e) {
      e.printStackTrace();
    } finally {
      close(pstmt,  conn);
    }
    return -1;
  }

  /**
   * 查询数据库表中的所有记录
   */
  private static void query() {
    Connection conn = getConnection();
    String sql = "select id,  name from book _ tbl";
    Statement stmt = null;
    ResultSet rs = null;
    try {
      stmt = conn.createStatement();
      rs = stmt.executeQuery(sql);
      System.out.println("id\tname");
```

```
        while (rs.next()) {
//System.out.println(rs.getInt(1)+"\t"+rs.getString(2));
            System.out.println(rs.getInt("id") + "\t" +
rs.getString("name"));
          }
      } catch (Exception e) {
          // TODO: handle exception
      } finally {
          close(rs, stmt, conn);
      }
    }


  /**
   * 关闭数据库连接, 释放资源
   * @param stmt
   * @param conn
   */
  public static void close(Statement stmt, Connection conn) {
      if (stmt != null) {
          try {
              stmt.close();
          } catch (SQLException e) {
              e.printStackTrace();
          }
          stmt = null;
      }
      if (conn != null) {
          try {
              conn.close();
          } catch (SQLException e) {
              e.printStackTrace();
          }
          conn = null;
      }
  }


  /**
   * 关闭数据库连接, 释放资源
   * @param rs
   * @param stmt
```

```
    * @param conn
    */
   public static void close(ResultSet rs, Statement stmt, Connection
conn) {
       if (rs != null) {
           try {
               rs.close();
           } catch (SQLException e) {
               e.printStackTrace();
           }
           rs = null;
       }
       close(stmt, conn);
   }


   public static void main(String[] args) {
       System.out.println(" 查询数据库 test 中是否存在表 book _ tbl, 如存在则先删
除再创建 ");
       deleteTable();
       createTable();
       System.out.println(" 创建数据库表 book _ tbl 成功! ");
       System.out.println(" 在数据库表 book _ tbl 中插入'C 语言程序设计 '");
       insert(new Book(1,  "C 语言程序设计 "));
       System.out.println(" 在数据库表 book _ tbl 中插入'python 语言程序设计 '");
       insert(new Book(2,  "python 语言程序设计 "));
       System.out.println(" 插入两条记录后查询结果如下: ");
       query();
       System.out.println(" 把数据库表 book _ tbl 中的 'python 语言程序设计 ' 修改
为 'Java 语言程序设计 '");
       update(new Book(2,  "Java 语言程序设计 "));
       System.out.println(" 修改完成后查询结果如下: ");
       query();
       System.out.println(" 删除记录 'Java 语言程序设计 '");
       System.out.println(delete(new Book(2,  "Java 语言程序设计 ")));
       System.out.println(" 删除后查询结果如下: ");
       query();
   }
}

class Book {
```

```
    private Integer id;   // 商品编号
    private String name; // 商品名称

    public Book(Integer id,String name) {
        super();
        this.id = id;
        this.name = name;
    }

    public Integer getId() {
        return id;
    }

    public void setId(Integer id) {
        this.id = id;
    }

    public String getName() {
        return name;
    }

    public void setName(String name) {
        this.name = name;
    }
}
```

程序运行结果:

```
查询数据库 test 中是否存在表 book _ tbl,如存在则先删除再创建
创建数据库表 book _ tbl 成功!
在数据库表 book _ tbl 中插入'C 语言程序设计'
在数据库表 book _ tbl 中插入'python 语言程序设计'
插入两条记录后查询结果如下:
id  name
1   C 语言程序设计
2   python 语言程序设计
把数据库表 book _ tbl 中的 'python 语言程序设计' 修改为 'Java 语言程序设计'
修改完成后查询结果如下:
id  name
1   C 语言程序设计
2   Java 语言程序设计
```

```
删除记录 'Java 语言程序设计 '
2
删除后查询结果如下：
id  name
1  C 语言程序设计
```

技术模块 3   集合

技术点 1   集合概述

在迭代一中探索了数组的用法。数组是一种存储同一类型数据的容器，创建完数组后，数组的长度是固定的，当需要保存更多的同类型数据时，需要创建新的数组，原来的数组不再适用。为了解决存储数目不确定的数据元素的问题，Java 语言提供了集合。

集合是 Java 中提供的一种容器，可以用来存储多个数据。集合存储的都是对象，而且对象的类型可以不一致，且其长度是可变的。集合类位于 java.util 包中。集合按照其存储结构的不同可以分为两大类，即单列集合 Collection 和双列集合 Map。

Collection 接口是单列集合的顶层接口，用于存储一系列符合某种规则的元素，它有两个重要的子接口，分别是 List 和 Set。List 中的元素是有序的、可重复的，Set 中的元素是无序的且不能重复。

Map 接口是双列集合的顶层接口，用于存储具有 key（键）、value（值）映射关系的元素，每个元素都是一对键值，key 和 value 是一一对应的关系，key 不可重复且只能映射到一个 value，可以使用指定的 key 找到对应的 value。

图 3–J3–1 描述了集合类的继承关系。

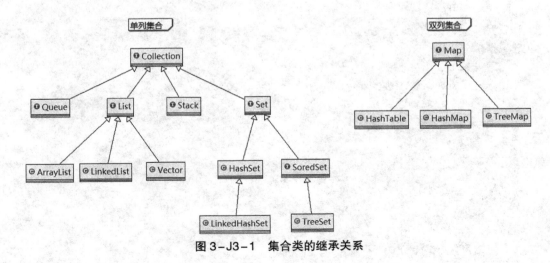

图 3–J3–1   集合类的继承关系

Set 接口常用的实现类有 HashSet、LinkedHashSet、TreeSet 等，List 接口常用的实现类有 ArrayList、LinkedList、Vector。Map 接口常用的实现类有 HashMap、TreeMap、HashTable。

技术点 2　Collection 接口

Collection 接口是所有单列集合的父接口，它定义了一些常用方法，如表 3-J3-1 所示。

表 3-J3-1　Collection 接口的常用方法

方法	描述
int size（）	返回此集合中的元素数
boolean isEmpty（）	如果此集合不包含任何元素，则返回 true
boolean contains（Object o）	如果此 collection 包含指定的元素，则返回 true
Iterator<E> iterator（）	返回此集合中元素的迭代器
Object［］toArray（）	返回包含此集合中所有元素的数组
boolean add（Object o）	向集合中添加一个元素
boolean remove（Object o）	从此集合中移除指定元素
void clear（）	从此集合中删除所有元素（可选操作）。此方法返回后，该集合将为空
boolean equals（Object o）	将指定对象与此集合进行比较以获得相等性
int hashCode（）	返回此集合的哈希码值

表 3-J3-1 中列出了 Collection 接口的一些方法，在开发中很少使用 Collection 接口，一般使用它的子接口，常用的子接口是 List 和 Set。

探索演练 3-J3-1　Collection 方法的使用。

```java
import java.util.ArrayList;
import java.util.Arrays;
import java.util.Collection;

public class CollectionDemo{
    public static void main(String[] args){
        // 这里需要注意的是,Collection 只是一个接口,我们真正使用的时候应该是创建该
            接口的一个实现类
        // 作为集合的接口,它定义了所有属于集合的类都应该具有的一些方法
```

```
//ArrayList(列表)类是集合类的一种实现方式

Collection collection=new ArrayList<>();
// 添加元素
collection.add(1);
collection.add(2);
// 可以添加不同类型的元素
collection.add("3");
// 输出结果
System.out.println("collection 的元素为:"+collection);
// 测试 remove 方法移除元素
collection.remove(2);
System.out.println("collection 的元素为:"+collection);
// 测试 contains 方法
System.out.println("collection 是否包含元素 1:"+collection.contains(1));

Collection collection2=new ArrayList<>();
collection2.add("4");
System.out.println("collection2 的元素为:"+collection2);
// 将 collection2 集合中的元素添加到 collection 的集合中
collection.addAll(collection2);
System.out.println("collection 的元素为:"+collection);
// 测试 containsAll 方法
System.out.println("collection 是否包含 collection2:"+collection.
    containsAll(collection2));
// 测试 removeAll 方法
collection.removeAll(collection2);
System.out.println("collection 的元素为:"+collection);
//Size():该方法返回集合里元素的个数
System.out.println("collection 的元素个数为:"+collection.size());

// 测试集合的元素是否为 null
System.out.println("collection2 是否为空:"+collection2.isEmpty());

// 测试 clear 方法,清楚所有的元素
collection2.clear();
System.out.println("collection2 的元素为:"+collection2);
```

```
// 测试 toArray
Object[]objects1=collection.toArray();
System.out.println(Arrays.asList(objects1));
// 测试 toArray, 指定数组大小
Object[]objects2=collection.toArray(new Object[collection.size()]);
System.out.println(Arrays.asList(objects2));
    }
}
```

程序运行结果：

```
collection 的元素为: [1, 2, 3]
collection 的元素为: [1, 3]
collection 是否包含元素 1: true
collection2 的元素为: [4]
collection 的元素为: [1, 3, 4]
collection 是否包含 collection2: true
collection 的元素为: [1, 3]
collection 的元素个数为: 2
collection2 是否为空: false
collection2 的元素为: []
[1, 3]
[1, 3]
```

技术点 3　Iterator 接口

在开发的过程中常需要遍历集合中的所有元素，针对这种需求，JDK 提供了一个接口 java.util.Iterator。它与 Collection 和 Map 接口有所不同，Collection 和 Map 接口主要用于存储元素，而 Iterator 主要用于迭代访问（遍历）Collection 中的元素，因此 Iterator 对象也被称为迭代器。Iterator 接口的常用方法如表 3–J3–2 所示。

表 3–J3–2　Iterator 接口的常用方法

方法	描述
hasNext（）	如果迭代具有更多元素，则返回 true
next（）	返回迭代中的下一个元素
remove（）	从底层集合中移除此迭代器返回的最后一个元素

Collection 继承了 java.lang.Iterable 接口，它的 iterator（）方法返回一个 iterator<T> 迭代器，对集合里的元素进行迭代。Collection 也可以使用 foreach 来遍历。

探索演练 3-J3-2 Collection 集合的遍历。

```java
public class CollectionDemo2{
    public static void main(String[] args){
        Collection collection=new ArrayList<>();
        // 添加元素
        collection.add(1);
        collection.add(2);
        collection.add(3);

        // 使用 foreach 遍历
        for(Object object: collection){
            System.out.println(object);
        }

        // 使用 Iterator 遍历
        Iterator iterator=collection.iterator();
        while(iterator.hasNext()){
            System.out.println(iterator.next());
        }

    }
}
```

程序运行结果：

```
1
2
3
1
2
3
```

技术点 4　List 接口

1. List 接口简介

List 接口继承自 Collection 接口，是单序列集合的一个重要分支。在 List 集合中，允许出现重复的元素，所有的元素都以一种线性方式进行存储，在程序中，可以通过索引（类似于数组中的元素下标）来访问集合中指定元素。List 接口的另一个特点是元素有序，即元素的存入顺序和取出顺序一致。

　　List 作为 Collection 的子接口，不但继承了 Collection 接口中的全部方法，而且增加了一些根据元素索引操作集合的方法，List 接口的常用方法如表 3–J3–3 所示。

表 3–J3–3　List 接口的常用方法

方法	描述
add（int index，Object o）	在指定位置增加元素
boolean addAll（int index，Collection c）	在指定位置增加一组元素
get（int index）	返回此列表中指定位置的元素
set（int index，Object o）	用指定的元素替换指定位置的元素
void add（int index，Object o）	将指定元素插入指定位置
remove（int index）	删除指定位置的元素
int indexOf（Object o）	返回此列表中第一次出现的指定元素的索引，如果此列表不包含该元素，则返回–1
int lastIndexOf（Object o）	返回此列表中指定元素最后一次出现的索引，如果此列表不包含该元素，则返回–1
ListIterator<Object> listIterator（int index）	从列表中的指定位置开始，返回列表中元素的列表迭代器

　　表 3–J3–3 中列举了 List 接口的常用方法，其实现类 ArrayList 和 LinkedList 可以通过调用这些方法操作集合的元素。

2. ArrayList 集合

　　ArrayList 是最常用的集合，底层是用数组实现的，实现了 List 等接口。当存入的元素超过数组的大小时，ArrayList 会在内存中申请一个更大的数组来存储元素，因此可以把 ArrayList 集合看作一个长度可变的数组。针对集合的操作主要有添加元素、遍历元素、删除元素，下面用 3 个案例来说明其用法。

　　探索演练 3–J3–3　ArrayList 集合的常用方法。

```java
import java.util.ArrayList;

public class ArrayListDemo1{
    public static void main(String[] args){
        ArrayList list=new ArrayList<>();
        // 添加元素
        list.add("Java");
        list.add("c");
```

```
        list.add("python");
        System.out.println("集合中的元素为:"+list);
        // 访问元素
        System.out.println("第一个元素是:"+list.get(0));
        System.out.println("第一个元素是:"+list.get(1));
        // 显示 list 的大小
        System.out.println("集合的大小:"+list.size());
        // 可以添加重复元素
        list.add("Java");
        System.out.println("集合添加重复元素 Java 后的大小:"+list.size());
        System.out.println("集合添加重复元素 Java 后的元素为:"+list);
        // 修改元素
        list.set(3,"c++");
        System.out.println("集合修改完第三个元素后,集合的元素为:"+list);
        // 删除元素
        list.remove(1);
        boolean flag=list.remove("c");
        System.out.println("集合移除指定的元素 C 后它的返回值为:"+flag);
        System.out.println("集合移除指定的元素后,集合的大小:"+list.size());
        System.out.println("集合移除指定的元素后,集合的元素为:"+list);
    }
}
```

程序运行结果:

```
集合中的元素为:[Java, c, python]
第一个元素是:Java
第一个元素是:c
集合的大小:3
集合添加重复元素 Java 后的大小:4
集合添加重复元素 Java 后的元素为:[Java, c, python, Java]
集合修改完第三个元素后,集合的元素为:[Java, c, python, c++]
集合移除指定的元素 C 后它的返回值为:false
集合移除指定的元素后,集合的大小:3
集合移除指定的元素后,集合的元素为:[Java, python,  c++]
```

探索演练 3-J3-4 ArrayList 集合的遍历。

```java
import java.util.ArrayList;
import java.util.Iterator;

public class ArrayListDemo2{
    public static void main(String[] args){
        ArrayList list=new ArrayList<>();
        list.add("Java");
        list.add("c");
        list.add("python");
        System.out.println("集合中的元素为:"+list);
        //显示 list 的大小
        System.out.println("for 循环的遍历方式:");
        /* 第一种遍历方式 */
        for(int i=0;i< list.size();i++){
            System.out.println(list.get(i));
        }
        /* 第二种遍历方式 */
        System.out.println("增强 for 循环的遍历方式:");
        for(Object o : list){
            System.out.println(o);
        }
        /* 第三种遍历方式 */
        System.out.println("Iterator 的遍历方式:");
        Iterator iter=list.iterator();
        while(iter.hasNext()){
            System.out.println(iter.next());
        }
        /** 第四种遍历方式 */
        System.out.println("使用 Lambda 表达式的 forEach");
        list.forEach(name→System.out.println(name));
    }
}
```

程序运行结果:

```
集合中的元素为:[Java, c, python]
for 循环的遍历方式:
Java
c
python
```

增强 for 循环的遍历方式:
Java
c
python
Iterator 的遍历方式:
Java
c
python
使用 Lambda 表达式的 foreach:
Java
c
python

探索演练 3-J3-5 List 集合与数组的转换。

```java
import java.util.ArrayList;
import java.util.Arrays;
import java.util.List;

public class ArrayListDemo3{
    public static void main(String[] args){
        ArrayList list=new ArrayList<>();
        list.add("Java");
        list.add("c");
        list.add("python");
        System.out.println("集合中的元素为:"+list);
        int size=list.size();
        //ArrayList 转换为数组
        String[]array=new String[size];
        for(int i=0; i< list.size();i++){
            array[i] = (String)list.get(i);
        }
        // 输出数组 array 的元素
        System.out.println("输出数组 array 的元素:");
        for(int i=0; i< array.length;i++){
            System.out.println("array["+i+"]"+array[i]);
        }

        //ArrayList 使用 toArray()方法转换为数组
        String[]array2 = (String[])list.toArray(new String[size]);
```

```
System.out.println("输出数组array2的元素:");
for(int i=0;i< array2.length;i++){
    System.out.println("array2["+i+"]"+array2[i]);
}

String[]array3=new String[3];
array3[0] = "人工智能";
array3[1] = "大数据";
array3[2] = "云计算";
//数组转换为List
ArrayList list1=new ArrayList();
for(int i=0;i< array3.length;i++){
    list1.add(array3[i]);
}
System.out.println("集合list1中的元素为:"+list1);
List<String> list2=Arrays.asList(array3);
System.out.println("集合list2中的元素为:"+list2);
    }
}
```

程序运行结果:

```
集合中的元素为:[Java,c,python]
输出数组array的元素:
array[0]Java
array[1]c
array[2]python
输出数组array2的元素:
array2[0]Java
array2[1]c
array2[2]python
集合list1中的元素为:[人工智能,大数据,云计算]
集合list2中的元素为:[人工智能,大数据,云计算]
```

3. LinkedList 集合

ArrayList 是基于数组实现的,所以在查询元素的时候非常快,但是插入或删除元素的效率相对较低。如果在程序中用到了大量的插入或删除的操作,可以使用 List 接口的另一个实现 LinkedList 集合,它的底层使用的是双端链表结构,用于支持高效的插入和删除操作。

因此,LinkedList 集合具有增删快、查询慢的特点,内部包含大量操作首尾元素的方法。LinkedList 类的常用方法如表 3-J3-4 所示。

表 3-J3-4　LinkedList 类的常用方法

方法	描述
addFirst（E e）	在此列表的开头插入指定的元素
addLast（E e）	将指定的元素追加到此列表的末尾
getFirst（）	返回此列表中的第一个元素
getLast（）	返回此列表中的最后一个元素
offerFirst（E e）	在此列表的前面插入指定的元素
offerLast（E e）	在此列表的末尾插入指定的元素
peekFirst（）	检索但不删除此列表的第一个元素，如果此列表为空，则返回 null
peekLast（）	检索但不删除此列表的最后一个元素，如果此列表为空，则返回 null
pollFirst（）	检索并删除此列表的第一个元素，如果此列表为空，则返回 null
pollLast（）	检索并删除此列表的最后一个元素，如果此列表为空，则返回 null
removeFirst（）	从此列表中删除并返回第一个元素
removeLast（）	从此列表中删除并返回最后一个元素
removeFirstOccurrence（Object o）	删除此列表中第一次出现的指定元素（从头到尾遍历列表时）
removeLastOccurrence（Object o）	删除此列表中最后一次出现的指定元素（从头到尾遍历列表时）

探索演练 3-J3-6 LinkedList 方法的使用。

```java
import java.util.LinkedList;

public class LinkedListDemo{
    public static void main(String[] args){
        //TODO Auto-generated method stub
        LinkedList list=new LinkedList<>();
        list.add("biem1");
        list.add("biem2");
        list.add("biem3");
        System.out.println("list 内的元素为:"+list);
        list.remove(1);
        System.out.println("list 内的元素为:"+list);
        System.out.println("list 内的第一个元素为:"+list.get(0));

        list.addFirst("biem_first");
        list.addLast("biem_last");
        System.out.println("list 内的元素为:"+list);
```

```
        list.removeFirst();
        System.out.println("list 内的元素为:"+list);
        System.out.println("list 内的第一个元素为:"+list.getFirst());
        System.out.println("list 内的最后一个元素为:"+list.getLast());
    }
}
```

程序运行结果:

```
list 内的元素为: [biem1, biem2, biem3]
list 内的元素为: [biem1, biem3]
list 内的第一个元素为: biem1
list 内的元素为: [biem _ first, biem1, biem3, biem _ last]
list 内的元素为: [biem1, biem3, biem _ last]
list 内的第一个元素为: biem1
list 内的最后一个元素为: biem _ last
```

技能贴士

　　对比 ArrayList 和 LinkedList 的特点, ArrayList 适用于查找多、增删少的场景, LinkedList 适用于增删多、查找少的场景, 下面通过代码演示它们查询和插入各自所需要的时间。

探索演练 3－J3－7　ArrayList 和 LinkedList 效率对比测试。

```
import java.util.ArrayList;
import java.util.LinkedList;

public class ListEfficiencyDemo{

    public static void main(String[] args){
        //TODO Auto-generated method stub
        int count=100000;
        ArrayList arrayList=new ArrayList();
        // 测试添加
        long start=System.currentTimeMillis();
        for(int i=0; i<count; i++){
            arrayList.add(0, String.valueOf(i));
        }
        long end=System.currentTimeMillis();
```

```
System.out.println("ArrayList 添加 "+count+"个元素消耗时间："+(end -
    start)+"毫秒");

// 测试查询
start=System.currentTimeMillis();
for(int i=0; i< count; i++ ){
    arrayList.get(i);
}
end=System.currentTimeMillis();
System.out.println("ArrayList 查询 "+count+"个元素消耗时间："+(end -
    start)+"毫秒");

// 测试删除
start=System.currentTimeMillis();

for(int i=count; i > 0; i-- ){
    arrayList.remove(0);
}

end=System.currentTimeMillis();
System.out.println("ArrayList 删除 "+count+"个元素消耗时间："+(end -
    start)+"毫秒");

LinkedList linkedList=new LinkedList();
// 测试添加
start=System.currentTimeMillis();
for(int i=0; i< count; i++ ){
    linkedList.add(0, String.valueOf(i));
}
end=System.currentTimeMillis();
System.out.println("LinkedList 添加 "+count+"个元素消耗时间："+(end -
    start)+"毫秒");

// 测试查询
start=System.currentTimeMillis();
for(int i=0; i< count; i++ ){
    linkedList.get(i);
}
end=System.currentTimeMillis();
System.out.println("LinkedList 查询 "+count+"个元素消耗时间："+(end -
    start)+"毫秒");
```

```
// 测试删除
start=System.currentTimeMillis();

for(int i=count;i > 0;i--){
    linkedList.remove(0);
}
end=System.currentTimeMillis();
System.out.println("LinkedList 删除"+count+"个元素消耗时间:"+(end -
    start) +"毫秒");
  }
}
```

程序运行结果：

```
<terminated> TestEfficiency [Java Application] E:\eclipse\jdk-11.0.11\bin\javaw.exe (2021年8月10日 下午12:27:11)
ArrayList 添加元素消耗时间 :594
ArrayList 查询元素消耗时间 :2
ArrayList 删除元素消耗时间 :593
LinkedList 添加元素消耗时间 :17
LinkedList 查询元素消耗时间 :8683
LinkedList 删除元素消耗时间 :6
```

通过上面的运行结果可以看到，查询 100 000 次，ArrayList 用时 2 毫秒，LinkedList 用时 8683 毫秒，说明 ArrayList 的查询效率更快；添加、删除元素时，ArrayList 用时分别为 594 毫秒和 593 毫秒，LinkedList 用时分别为 17 毫秒和 6 毫秒，所以如果添加、删除操作较多，使用 LinkedList 更好。

4. List 使用自定义数据类型

如果在声明 List 时指定了数据类型，List 中只能存储该数据类型的元素。例如，在下面的 List 中无法添加非 Integer 数据类型的元素。

```
ArrayList<Integer> list=new ArrayList();
list.add(1);
list.add("2");    // 此行代码报错
```

在声明 List 时，还可以使用自定义数据类型，探索演练 3-J3-7 中就是使用的自定义类型。

探索演练 3－J3－8 List 中使用自定义类型。

```java
import java.util.ArrayList;

public class ArrayListDemo4{
    public static void main(String[] args){
        ArrayList<Student> list=new ArrayList<>();
        list.add(new Student(2020001,"张山"));
        list.add(new Student(2020002,"李思"));
        list.add(new Student(2020003,"王博"));
        System.out.println("list 集合中的元素为:\n"+list);
    }
}
class Student{
    int id;
    String name;

    public Student(int id,String name){
        this.id=id;
        this.name=name;
    }

    @Override
    public String toString(){
        return "Student [id="+id+", name="+name+"]";
    }
}
```

程序运行结果：

```
list 集合中的元素为:
[Student [id=2020001, name=张山], Student [id=2020002, name=李思], Student
[id=2020003, name=王博]]
```

技术点 5　Set 接口

Set 接口和 List 接口一样，同样继承于 Collection 接口。Set 中的元素是无序的且不包含重复元素。Set 接口和 Collection 接口中的方法基本一致。Set 接口的主要实现类有 HashSet、LinkedHashSet、TreeSet 等。

1. HashSet 集合

HashSet 能够最快地获取集合中的元素，效率非常高（以空间换时间）。它会根据 Hash 值和 equals 方法来判断是否为同一个对象，如果 Hash 值相同，并且 equals 方法返回 true，则是同一个对象，不能重复存放。下面通过探索演练 3-J3-8 探索 HashSet 的使用。

探索演练 3-J3-9 HashSet 的使用。

```java
import java.util.HashSet;

public class HashSetDemo{
    public static void main(String[] args){
        HashSet set=new HashSet();
        //集合中添加元素 biem1
        set.add("biem1");
        //集合中添加元素 biem2,此时集合中没有 biem2,添加成功,返回 true
        boolean flag1=set.add("biem2");
        //集合中添加元素 biem2,此时集合已存在 biem2,添加失败,返回 false
        boolean flag2=set.add("biem2");
        set.add("biem3");
        System.out.println("第一次添加 biem2 的返回值是:"+flag1);
        System.out.println("第二次添加 biem2 的返回值是:"+flag2);
        //集合中添加元素的顺序是 biem1,biem2,biem3,set 集合中元素的顺序是 biem3,
          biem1,biem2
        System.out.println("集合内的元素有:"+set);

        //清除集合中的所有元素
        set.clear();
        System.out.println("集合内的元素有:"+set);
        set.add("biem3");
        set.add("biem2");
        set.add("biem1");
        //集合中添加元素的顺序是 biem3,biem2,biem1,set 集合中元素的顺序依然是
          biem3,biem1,biem2
        System.out.println("集合内的元素有:"+set);
    }
}
```

程序运行结果：

```
第一次添加 biem2 的返回值是: true
第二次添加 biem2 的返回值是: false
集合内的元素有: [biem3, biem1, biem2]
集合内的元素有: []
集合内的元素有: [biem3, biem1, biem2]
```

2. LinkedHashSet 集合

HashSet 还有一个子类 LinkedHashSet，LinkedHashSet 集合也是根据元素的 hashCode 值来决定元素的存储位置，但它同时使用链表维护元素的次序，这样使得元素看起来是以插入的顺序保存的，也就是说当遍历 LinkedHashSet 里的元素时，集合将会按元素的添加顺序来访问集合里的元素。

探索演练 3-J3-10 LinkedHashSet 和 HashSet 对比。

```java
import java.util.HashSet;
import java.util.LinkedHashSet;

public class LinkedHashSetDemo{
    public static void main(String[] args){
        HashSet hashSet=new HashSet();
        hashSet.add("biem1");
        hashSet.add("biem2");
        hashSet.add("biem3");
        // 集合中添加元素的顺序是 biem1，biem2，biem3，hashSet 集合中元素的顺序是
          biem3，biem1，biem2
        System.out.println("hashSet 集合内的元素有:"+hashSet);

        LinkedHashSet linkedHashSet=new LinkedHashSet<>();
        linkedHashSet.add("biem1");
        linkedHashSet.add("biem2");
        linkedHashSet.add("biem3");
        // 集合中添加元素的顺序是 biem1，biem2，biem3，linkedHashSet 集合中元素的
          顺序是 biem1，biem2，biem3
        System.out.println("linkedHashSet 集合内的元素有:"+linkedHashSet);
    }
}
```

程序运行结果：

```
hashSet 集合内的元素有:[biem3, biem1, biem2]
linkedHashSet 集合内的元素有:[biem1, biem2, biem3]
```

从输出结果来看，遍历 LinkedHashSet 集合里的元素时，集合将会按元素的添加顺序来访问集合里的元素。

3. TreeSet 集合

TreeSet 是 SortedSet 接口的实现类，TreeSet 可以确保集合元素处于排序状态。与 HashSet 集合相比，TreeSet 还提供了几个额外方法，如表 3-J3-5 所示。

表 3-J3-5 TreeSet 类的常用方法

方法	描述
comparator（ ）	如果 TreeSet 采用定制排序，则该方法返回定制排序所使用的 Comparator；如果 TreeSet 采用自然排序，则返回 null
first（ ）	返回集合中的第一个元素
last（ ）	返回集合中的最后一个元素
lower（Object e）	返回指定元素之前的元素
higher（Object e）	返回指定元素之后的元素
Subset（Object fromElement, Object toElement）	返回此 Set 的子集合，含头不含尾
headSet（Object toElement）	返回此 Set 的子集，由小于 toElement 的元素组成
tailSet（Object fromElement）	返回此 Set 的子集，由大于 fromElement 的元素组成

探索演练 3-J3-11 TreeSet 的简单使用。

```java
import java.util.TreeSet;

public class TreeSetDemo{
    public static void main(String[] args){
        TreeSet set=new TreeSet<>();
        set.add(8);
        set.add(2);
        set.add(6);
        set.add(3);
        System.out.println("集合中的元素:"+set);
        System.out.println("集合中的第一个元素:"+set.first());
        System.out.println("集合中的最后一个元素:"+set.last());
        System.out.println("集合中小于 5 一个元素:"+set.lower(5));
        System.out.println("集合中大于 5 一个元素:"+set.higher(5));
        System.out.println("集合小于 6 的子集,不包含 6:"+set.headSet(6));
        System.out.println("集合大于 6 的子集:"+set.tailSet(6));
        System.out.println("集合中大于等于 3,小于 8 的子集:"+set.subSet(3,8));
    }
}
```

程序运行结果：

```
集合中的元素：[2, 3, 6, 8]
集合中的第一个元素：2
集合中的最后一个元素：8
集合中小于 5 一个元素：3
集合中大于 5 一个元素：6
集合小于 6 的子集, 不包含 6：[2, 3]
集合大于 6 的子集：[6, 8]
集合中大于等于 3, 小于 8 的子集：[3, 6]
```

技术点 6　Map 接口

IP 地址与主机名、身份证号与个人、系统用户名与系统用户对象等，这种一一对应的关系，就叫作映射。Java 提供了 java.util.Map 接口来存放这种映射关系的对象，Map 接口有以下特性：

① Map 集合是一个双列集合，一个元素包含两个值（一个 key，一个 value）；

② Map 集合中的元素 key 和 value 的数据类型可以相同，也可以不同；

③ Map 集合中的元素 key 是不允许重复的，value 是可以重复的；

④ Map 集合中的元素 key 和 value 是一一对应的。

Map 接口定义了一些常用的方法，如表 3-J3-6 所示。

表 3-J3-6　Map 接口的常用方法

方法	描述
int size（）	返回此映射中键-值映射的数量
boolean isEmpty（）	如果此映射不包含键-值映射，则返回 true
boolean containsKey（Object key）	如果此映射包含指定键的映射，则返回 true
boolean containsValue（Object value）	如果此映射将一个或多个键映射到指定值，则返回 true
V get（Object key）	返回指定键映射到的值，如果此映射不包含键的映射，则返回 null
V put（K key, V value）	将指定的值与此映射中的指定键相关联。如果映射先前包含键的映射，则旧值将替换为指定的值
V remove（Object key）	如果存在，则从该映射中移除键的映射
void clear（）	从此映射中删除所有映射。此调用返回后，映射将为空
Set<K> keySet（）	返回此映射中包含的键的 Set 视图
Collection<V> values（）	返回此映射中包含的值的 Collection 视图

续表

方法	描述
Set<Map.Entry<K，V>> entrySet（）	返回此映射中包含的映射的 Set 视图
boolean equals（Object o）	将指定对象与此映射进行比较以获得相等性
int hashCode（）	返回此映射的哈希码值

HashMap 是 Map 接口的一个实现类，以 Key－Value（键值对）的形式存在。在 HashMap 中，Key－Value 总是被当作一个整体来处理，系统会根据 hash 算法来计算 Key－Value 的存储位置，可以通过 Key 快速地存取 Value。

HashMap 提供了 3 个构造函数，如表 3－J3－7 所示。

表 3－J3－7 HashMap 构造函数

函数	描述
HashMap（）	构造一个具有默认初始容量（16）和默认加载因子（0.75）的空 HashMap
HashMap（int initialCapacity）	构造一个带指定初始容量和默认加载因子（0.75）的空 HashMap
HashMap（int initialCapacity，float loadFactor）	构造一个带指定初始容量和加载因子的空 HashMap

探索演练 3－J3－12 HashMap 的使用和遍历。

```java
package book;

import java.util.Collection;
import java.util.HashMap;
import java.util.Map;
import java.util.Set;

public class HashMapDemo{
    public static void main(String[] args){
        Map<String,String> map=new HashMap<String,String>();
        map.put("2020001","张山");
        map.put("2020002","李斯");
        map.put("2020003","王武");
        System.out.println("-------直接输出 hashmap：-------");
```

```java
System.out.println(map);
/**
* 遍历 HashMap
*/
// 1. 获取 Map 中的所有键
System.out.println("-------foreach 获取 Map 中所有的键：------");
Set<String> keys=map.keySet();
for(String key: keys){
    System.out.print(key+" ");
}
System.out.println(); // 换行

// 2. 获取 Map 中所有值
System.out.println("-------foreach 获取 Map 中所有的值：------");
Collection<String> values=map.values();
for(String value: values){
    System.out.print(value+" ");
}
System.out.println(); // 换行
// 3. 得到 key 的值的同时得到 key 所对应的值
System.out.println ("-------得到 key 的值的同时得到 key 所对应的值：-------");
Set<String> keys2=map.keySet();
for(String key: keys2){
    System.out.print(key+":"+map.get(key) +" ");
}
// 4. 使用 Entry 遍历
/*
* 当调用 put(key, value) 方法的时候，首先会把 key 和 value 封装到 Entry 这个静
态内部类对象中，把 Entry 对象再添加到数组中，所以我们想获取 map 中的所有键值对，只需要获
取数组中的所有 Entry 对象，接下来调用 Entry 对象中的 getKey() 和 getValue() 方法
*/
Set<java.util.Map.Entry<String, String>> entrys=map.entrySet();
for(java.util.Map.Entry<String, String> entry: entrys){
    System.out.println(entry.getKey() +"--"+entry.getValue());
}

/**
* HashMap 其他常用方法
*/
```

```
        System.out.println("map.size():"+map.size());
        System.out.println("map.isEmpty():"+map.isEmpty());
        System.out.println(map.remove("2020001"));
        System.out.println("map.remove(2020001):"+map);
        System.out.println("map.get(2020001):"+map.get("2020001"));
        System.out.println("map.containsKey(2020002):"+map.containsKey
            ("2020002"));
        System.out.println("containsValue(李斯):"+map.containsValue("李斯"));
        System.out.println(map.replace("2020002","马行"));
        System.out.println("map.replace(2020002,马行):"+map);
    }
}
```

程序运行结果：

```
------- 直接输出 hashmap:-------
{2020003= 王武, 2020002= 李斯, 2020001= 张山 }
------foreach 获取 Map 中所有的键 :------
2020003    2020002    2020001
------foreach 获取 Map 中所有的值 :------
王武    李斯    张山
------- 得到 key 的值的同时得到 key 所对应的值 :-------
2020003：王武       2020002：李斯       2020001：张山       2020003-- 王武
2020002-- 李斯
2020001-- 张山
map.size():3
map.isEmpty():false
张山
map.remove(2020001):{2020003= 王武, 2020002= 李斯 }
map.get(2020001):null
map.containsKey(2020002):true
containsValue( 李斯 ):true
李斯
map.replace(2020002,马行 ):{2020003= 王武, 2020002= 马行 }
```

🔍 实施交付

本迭代模拟真实的营销系统，模拟客户访问电商平台，生成写有客户轨迹数据的 CSV 日志文件，然后读取 CSV 日志文件，将日志数据存入数据库，分析日志数据，为客户打标签，当客户再次访问电商平台时，根据数据分析结果为客户推送商品。

项目调整

本迭代涉及的技术点包括文件的基本操作、输入输出流、数据库的连接、数据库的增删改查、集合中常用的接口及其实现类等，是企业开发中常用到的技术。按照系统功能规划，共修改和添加如表3-0-2、表3-0-3、表3-0-4所示的对象。

表3-0-2 工具类

编号	类名称	描述
1	DBHelper（数据库辅助类）	数据库的连接、数据库资源的释放
2	FileHelper（文件操作辅助类）	文件读取、资源的释放
3	InitDB（初始化数据库）	数据库表数据的初始化

表3-0-3 数据库操作接口和实现类

编号	类名称	描述
1	BookDao（书籍接口）	书籍信息数据库操作接口
2	BookDaoImpl（书籍接口实现类）	书籍信息数据库操作接口实现类
3	CustomerDao（客户接口）	客户信息数据库操作接口
4	CustomerDaoImpl（客户接口实现类）	客户信息数据库操作接口实现类
5	TagDao（标签接口）	标签信息数据库操作接口
6	TagDaoImpl（标签接口实现类）	标签信息数据库操作接口实现类
7	TrackDao（浏览痕迹接口）	客户轨迹信息数据库操作接口
8	TrackDaoImpl（浏览痕迹接口实现类）	客户轨迹信息数据库操作接口实现类
9	CustomerTagDao（客户标签接口）	客户标签信息数据库操作接口，针对 customer_tag_tbl 表的操作
10	CustomerTagDaoImpl（客户标签接口实现类）	客户标签信息数据库操作接口实现类
11	CustomerTagVODao（客户标签视图接口）	客户标签查询信息的视图接口
12	CustomerTagVODaoImpl（客户标签视图接口实现类）	客户标签查询信息的视图接口，用于查询客户标签并显示相应的类别

表 3-0-4　新添加实体类

编号	类名称	描述
1	CustomerTagVO	用于查询客户和客户标签的存储实体类
2	CustomerPushVO	用于客户和客户偏爱书籍的推荐实体类
3	CustomerTag	用于存储客户和标签关系的实体类

把所需公共变量加入公共文件 Constants.java。第三次迭代会修改大部分的文件，并删除原来项目中的 BookDataSet.java、CustomerDataSet.java、TagDataSet.java。

创建整个项目结构：创建项目，在项目中创建包（package），即 biem.util（工具类包）、biem.entity.vo（视图类包）、biem.dao.impl（数据库操作的实现类包）（表 3-0-5 至表 3-0-7），项目中修改的类文件如表 3-0-8 所示。

表 3-0-5　biem.util 包的 3 个工具类

任务说明	类文件
创建 biem.util 包和 3 个工具类文件	DBHelper.java、FileHelper.java、InitDB.java

表 3-0-6　biem.entity.vo 包的两个视图类文件

任务说明	类文件
创建 biem.entity.vo 包和两个视图类文件	CustomerTagVO.java、CustomerPushVO.java

表 3-0-7　biem.dao 包的接口及 biem.dao.impl 中的接口实现类

任务说明	类文件
重构 dao 层数据库的访问接口和实现类	BookDao.java、CustomerDao.java、TagDao.java、TrackDao.java、CustomerTagDao.java、CutomerTagVODao.java 及它们的实现类

表 3-0-8　项目中修改的类文件

任务说明	类文件
修改 Constants.java	Constants.java
使用数据库操作替换原来 dao 层中的 BookDataSet.java、CustomerDataSet.java、TagDataSet.java	ConsoleServiceImpl.java、CustomerServiceImpl.java
移除原来 dao 层中的类文件 BookDataSet.java、CustomerDataSet.java、TagDataSet.java	BookDataSet.java、CustomerDataSet.java、TagDataSet.java

对应迭代分解的子任务，其各个子任务的关键代码如下。

任务1　生成客户轨迹数据文件

ConsoleServiceImpl 类中的 collectTracks（）方法：

```java
/**
 *  获取用户的轨迹——用户关注了某商品
 */
public void collectTracks(){
    // 模拟用户购物轨迹，存放到 track.csv 中
    BufferedWriter writer=FileHelper.getWriter(Constants.USER_TRACK_
        FILE_PATH);
    try{
        writer.write(Constants.CSV_HEADER);
        writer.flush();
    }catch(IOException e){
        //TODO Auto-generated catch block
        e.printStackTrace();
    }
    String csvLine=null;
    for(Customer customer: customerList){
        System.out.println(Constants.BOOK_LIST_INFO);
        printBookInfo();
        System.out.println(Constants.PLEASE_INPUT_BEGIN
                +customer.getName()+Constants.PLEASE_INPUT_END);
        String value=scanner.next();
        Integer bookId=Integer.valueOf(value);
        String bookName=bookDao.selectById(bookId).getName();
        System.out.println(customer.getName()+
                Constants.PAY_ATTENTION_BOOK+bookName);
        csvLine=customer.getId()+Constants.CSV_SPLI
                +customer.getName()+Constants.CSV_SPLI
                +bookId+Constants.CSV_SPLI+bookName;
        try{
            writer.newLine();
            writer.write(csvLine);
            writer.flush();
        }catch(IOException e){
```

```
            //TODO Auto-generated catch block
            e.printStackTrace();
        }
    }
}
```

任务 2　读取客户轨迹数据

CustomerServiceImpl 类中的 collectData（）方法：

```
public void collectData()throws Exception{
    // 读取 CSV 文件, 写入数据库表 track_tbl
    BufferedReader reader=FileHelper.getReader(Constants.USER_TRACK_
        FILE_PATH);
    String line=null;
    while((line=reader.readLine())!= null){
        String fields[] = line.split(Constants.SPLIT_3);
        // 读取完用户轨迹, 存储到数据库中
    }
}
```

任务 3　连接数据库

DBHelper 类：

```
import java.sql.Connection;
import java.sql.DriverManager;
import java.sql.ResultSet;
import java.sql.SQLException;
import java.sql.Statement;

/**
 * ClassName: DBHelper
 * @Description: 数据库辅助类
 * @author LENOVO
 *
 */

public class DBHelper{
    private static String url="jdbc:mysql://localhost:3306/push?useUnicode=
            true&serverTimezone=UTC&characterEncoding=utf8";
    private static final String USERNAME="root";
```

```
    private static final String PASSWORD="root";
//  private static final String DRIVERNAME="com.mysql.jdbc.Driver";
    private static final String DRIVERNAME="com.mysql.cj.jdbc.Driver";
    //数据库连接对象
    public static Connection getConnection()throws SQLException,
    ClassNotFoundException{
        Class.forName(DRIVERNAME);
        return DriverManager.getConnection(url,USERNAME, PASSWORD);
    }


    //关闭数据库连接,释放资源
    public static void close(Statement stmt,Connection conn){
        if(stmt != null){
            try{
                stmt.close();
            }catch(SQLException e){
                e.printStackTrace();
            }
            stmt=null;
        }
        if(conn != null){
            try{
                conn.close();
            }catch(SQLException e){
                e.printStackTrace();
            }
            conn=null;
        }
    }
    public static void close(ResultSet rs,Statement stmt,Connection conn){
        if(rs != null){
            try{
                rs.close();
            }catch(SQLException e){
                e.printStackTrace();
            }
            rs=null;
        }
        close(stmt,conn);
    }
}
```

任务4 切换数据源

InitDB 类用于初始化数据库表和数据源:

```
import java.sql.Connection;
import java.sql.SQLException;
import java.sql.Statement;
import java.util.HashMap;
import java.util.HashSet;
import java.util.Map;
import java.util.Set;

import biem.common.Constants;
import biem.dao.BookDao;
import biem.dao.CustomerDao;
import biem.dao.TagDao;
import biem.dao.impl.BookDaoImpl;
import biem.dao.impl.CustomerDaoImpl;
import biem.dao.impl.TagDaoImpl;
import biem.entity.Book;
import biem.entity.Customer;
import biem.entity.Tag;

public class InitDB{

    public static void initTable(){
        Connection connection=null;
        Statement statement=null;
        Set<String> delSet=new HashSet<String>();
        Map<String,String> map=new HashMap<String,String>();

        delSet.add("drop table if exists book_tbl;");
        delSet.add("drop table if exists customer_tbl;");
        delSet.add("drop table if exists tag_tbl;");
        delSet.add("drop table if exists customer_tag_tbl;");
        delSet.add("drop table if exists track_tbl;");

        map.put("book","CREATE TABLE IF NOT EXISTS 'book_tbl'("+
                " 'id' INT PRIMARY KEY AUTO_INCREMENT NOT NULL,"+
                " 'name' VARCHAR(100),"+
                " 'author' VARCHAR(40),"+
                " 'press' VARCHAR(40),"+
```

```
            " 'tag' VARCHAR(100)"+
            ")ENGINE=InnoDB DEFAULT CHARSET=utf8;");

    map.put("customer","CREATE TABLE IF NOT EXISTS 'customer_tbl'("+
            " 'id' INT PRIMARY KEY AUTO_INCREMENT NOT NULL,"+
            " 'name' VARCHAR(100)"+
            ")ENGINE=InnoDB DEFAULT CHARSET=utf8;");

    map.put("tag","CREATE TABLE IF NOT EXISTS'tag_tbl'("+
            " 'id' INT PRIMARY KEY AUTO_INCREMENT NOT NULL,"+
            " 'name' VARCHAR(100)"+
            ")ENGINE=InnoDB DEFAULT CHARSET=utf8;");

    map.put("customer_tag","CREATE TABLE IF NOT EXISTS'customer_tag_tbl'("+
            " 'id' INT PRIMARY KEY AUTO_INCREMENT NOT NULL,"+
            " 'customer_id' INT UNSIGNED,"+
            " 'tag_id' INT UNSIGNED"+
            ")ENGINE=InnoDB DEFAULT CHARSET=utf8;");

    map.put("track","CREATE TABLE IF NOT EXISTS'track_tbl'("+
            " 'id' INT PRIMARY KEY AUTO_INCREMENT NOT NULL,"+
            " 'customer_id' INT UNSIGNED,"+
            " 'book_id' INT UNSIGNED,"+
            " 'tag_id' INT UNSIGNED"+
            ")ENGINE=InnoDB DEFAULT CHARSET=utf8;");

    try{
        connection=DBHelper.getConnection();
        statement=connection.createStatement();
        for(String sql: delSet){
            statement.execute(sql);
        }

        for(String str: map.keySet()){
            statement.execute(map.get(str));
            System.out.println("[INFO]Table'"+str+"_tbl' created
                sucessfully.");
        }
    }catch(ClassNotFoundException | SQLException e){
        //TODO Auto-generated catch block
```

```
            e.printStackTrace();
    } finally{
            DBHelper.close(statement, connection);
    }
}


public static void initData(){
    Book[]books=new Book[Constants.BOOK_COUNT];
    books[0] = new Book(1,"大数据技术原理与应用","林子雨","人民邮电出版社",
        "大数据");
    books[1] = new Book(2,"Spark 大数据分析","穆罕默德·古勒","电子工业出
        版社","大数据");
    books[2] = new Book(3,"数据可视化","陈为","电子工业出版社","大数据");
    books[3] = new Book(4,"人工智能","史蒂芬·卢奇","人民邮电出版社",
        "人工智能");
    books[4] = new Book(5,"神经网络与深度学习","邱锡鹏","机械工业出版社",
        "人工智能");
    books[5] = new Book(6,"机器学习实战","李锐","人民邮电出版社","人工智能");
    books[6] = new Book(7,"商务谈判","赵莉","电子工业出版社","经济管理");
    books[7] = new Book(8,"管理经济学","陈宇峰","机械工业出版社","经济管理");
    books[8] = new Book(9,"企业管理学","宿恺","机械工业出版社","经济管理");

    BookDao bookDao=new BookDaoImpl();
    for(int i=0; i<Constants.BOOK_COUNT; i++){
        bookDao.insert(books[i]);
    }

    Customer[]customers=new Customer[Constants.CUSTOMER_COUNT];
    customers[0] = new Customer(1,"客户 c0001");
    customers[1] = new Customer(2,"客户 c0002");
    customers[2] = new Customer(3,"客户 c0003");
    customers[3] = new Customer(4,"客户 c0004");
    customers[4] = new Customer(5,"客户 c0005");

    CustomerDao customerDao=new CustomerDaoImpl();
    for(int i=0; i<Constants.CUSTOMER_COUNT; i++){
        customerDao.insert(customers[i]);
    }

    Tag[]tags=new Tag[Constants.TAG_COUNT];
```

```
        tags[0] = new Tag(1,"大数据");
        tags[1] = new Tag(2,"人工智能");
        tags[2] = new Tag(3,"经济管理");
        TagDao tagDao=new TagDaoImpl();
        for(int i=0; i<Constants.TAG_COUNT; i++){
            tagDao.insert(tags[i]);
        }
    }

    public static void init(){
        initTable();
        initData();
    }
}
```

任务 5　存储客户轨迹数据到数据库

CustomerServiceImpl 类中的 collectData（）方法：

```
public void collectData()throws Exception{
    // 读取 CSV 文件,写入数据库表 track_tbl
    BufferedReader reader=FileHelper.getReader(Constants.USER_TRACK_
        FILE_PATH);
    String line=null;
    while((line=reader.readLine())!= null){
        String fields[] = line.split(Constants.SPLIT_3);
        // 读取完用户轨迹,存储到数据库中
        Track track=new Track();
        track.setCustomerId(Integer.parseInt(fields[0]));
        Integer bookId=Integer.parseInt(fields[2]);
        track.setBookId(bookId);

        String tagName=bookDao.selectById(bookId).getTag();
        Integer tagId=tagDao.selectByName(tagName).getId();
        track.setTagId(tagId);
        trackDao.insert(track);
    }
}
```

任务 6 分析客户轨迹数据

CustomerServiceImpl 类中的 analyze ( ) 方法:

```
public void analyze()throws Exception{
    collectData();
    // 在这里进行分析, 然后打标签
    for(Track track:trackDao.selectAll()){
        Integer customerId=track.getCustomerId();
        Integer tagId=track.getTagId();
        CustomerTag customerTag=new CustomerTag();
        customerTag.setCustomerId(customerId);
        customerTag.setTagId(tagId);
        customerTagDao.insertCustomerTag(customerTag);
    }

    System.out.println(Constants.ANALYZE_INFO);
    showCustomerInfo();
}

/**
* 展示客户信息,包括客户号和数据分析程序为客户打的标签
*/
public void showCustomerInfo()throws Exception{
    System.out.println(Constants.CUSTOMER+Constants.TAB+Constants.
      TAB+Constants.TAG);
    for(Customer customer: getCustomers()){
        System.out.println(customer.getName() +Constants.TAB+customerVODao.
        selectByCustomerId(customer.getId()).getTagName());
    }
}

public ArrayList<Customer> getCustomers(){
    return customerDao.selectAll();
}
```

任务 7 为客户推送商品

CustomerServiceImpl 类中的 push ( ) 方法:

```
/**
 * 模拟客户预购物,推送商品
 */
public void push()throws Exception{
    for(Customer customer: customerDao.selectAll()){
        StringBuffer customerInfo=new StringBuffer(customer.getId());
        customerInfo.append(customer.getName()).append(Constants.
            PURCHASE_INTENTION).append("\n");
        CustomerPushVO push=new CustomerPushVO();
        push.setCustomerId(customer.getId());
        push.setCustomerName(customer.getName());
        String tagName=customerVODao.selectByCustomerId(customer.getId
            ()).getTagName();
        if(!"".equals(tagName)){
            customerInfo.append(customer.getName()).append(Constants.
                ATTENTION_TO).append(tagName).append(Constants.BOOKS);
            push.setTagName(tagName);
            push.setBooks(bookDao.selectByTagName(tagName));
            pushMap.put(customer.getId(), push);
        }else{
            customerInfo.append(customer.getName()).append(Constants.
                NO_ATTENTION_INFO).append(Constants.NEW_LINE);
            customerInfo.append(Constants.FOR_CUSTOMER).append(customer.
                getName()).append(Constants.PUSH_POPULAR_GOODS)
                .append(popularGoods).append(Constants.BOOKS);
            push.setBooks(bookDao.selectAll());
            pushMap.put(customer.getId(), push);
        }
        System.out.println(customerInfo);
        pushBook(customer, push);
    }
}
```

代码交付

完整代码及实施交付讲解视频，请微信扫码下载。

迭代四　开卷有益——大数据精准营销之图形界面仿真

用户故事

为了方便用户操作，提升用户体验，本迭代不再使用控制台与用户互动，而是使用图形用户界面。模拟企业生产实际，将系统分为前台商城模块和后台大数据推送模块。其中前台商城模块用来模拟购物商城中的用户登录、浏览商品、加购物车、购买商品等功能，后台大数据推送模块用来采集数据，进行大数据分析，并实施商品推送。

任务看板

本次迭代任务将制作一个简单的图形用户界面。

根据任务需要，将本迭代分为两个大的任务，每个任务涉及多个技术点（表4-0-1）。

表4-0-1　任务及描述

任务	描述
任务1　大数据推送界面设计	采集数据，进行大数据分析，并实施商品推送
任务2　图书商城界面设计	模拟购物商城中的用户登录、浏览商品、加购物车、购买商品等功能

技术探索

根据本迭代的任务，将涉及的技术进行分解，如图4-0-1所示。

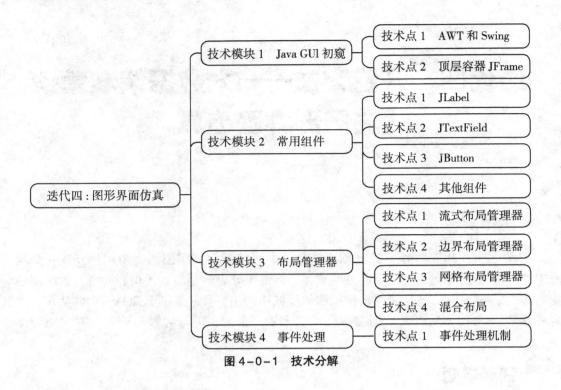

图 4-0-1 技术分解

技术模块 1 Java GUI 初窥

用户界面的类型，大概可以分为两类，即字符用户界面（CUI，如 MS-DOS）和图形用户界面（GUI，如 Microsoft Windows）。

Java GUI（Graphics User Interface），即图形用户界面，是用户与程序交互的窗口，比命令行的界面更加直观并且更好操作。

在 Java 中，进行图形界面开发主要使用的是两个包，即 AWT 和 Swing。

技术点 1 AWT 和 Swing

AWT（Abstract Window Toolkit，抽象窗口工具包），是 Java 为编写图形界面应用程序而开发的软件包。AWT 中定义的图形函数一般与操作系统提供的图形函数有着一一对应的关系，也就是说，当我们利用 AWT 编写图形用户界面的时候，实际上是在调用操作系统的图形库（图 4-J1-1）。

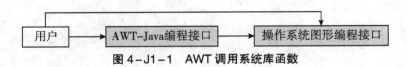

图 4-J1-1 AWT 调用系统库函数

由于 AWT 调用的是系统库函数，因此在不同的系统中，同样的代码会具有不同的外观效果。为了提高图形效果，Java 进一步编写了 Swing 进行图形界面开发，Swing 是对 AWT 功能的改良和拓展。Swing 使用纯粹的 Java 代码实现图形界面开发功能，不再需要依赖系统库，从而保证 Java 代码在不同系统上都具备同样的效果和功能。AWT 逐级继承关系如图 4-J1-2 所示。

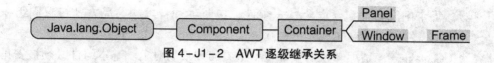

图 4-J1-2　AWT 逐级继承关系

在 AWT 中，所有能在屏幕上显示的组件对应的类，均是抽象类 Component 的子类或更下级子孙类，这些类均可继承 Component 类的属性和方法。

Container 容器类是 Component 类的子类，它也是一个抽象类，它允许其他的组件加入其中，加入的 Component 也可以是 Container 类型，即允许多层嵌套的层次结构。Container 类有两个子类，即 Panel 和 Window，它们不是抽象类。

Window 对应的类为 java.awt.Window，它可独立于其他 Container 而存在，它有两个子类，即 Frame 和 Dialog。Frame 是具有标题的窗口，Dialog 则没有菜单条，虽然它能移动，但不能伸缩。

Panel 对应的类为 java.awt.Panel，和 Window 及其子类 Frame、Dialog 不同，它不是独立容器。Panel 容器类标识了一个矩形区域，该区域允许其他组件放入。Panel 必须放在 Window 或其子类中才能显示，运行速度比较慢。

AWT 和 Swing 都是 Java 中的包，AWT 所在的包是 java.awt，Swing 所在的包是 javax.swing。Java 图形组件如图 4-J1-3 所示。

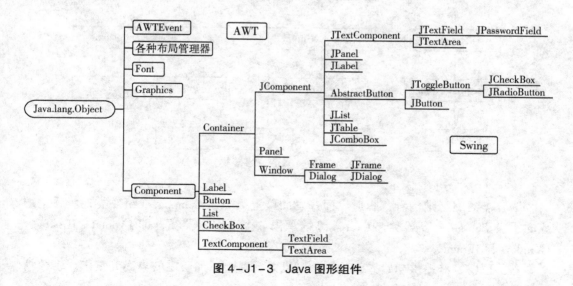

图 4-J1-3　Java 图形组件

Swing 包中的类名定义和 AWT 包相比，在对应功能类名称前添加了"J"字母，以示区分；AWT 中定义的事件处理类 AWTEvent、字体类 Font、布局管理器类 LayoutManager、画笔类 Graphics 等，在 Swing 编程时采用同样的方法来使用。

技术点 2 顶层容器 JFrame

要创建图形用户界面，首先需要创建一个顶层容器（主窗口）。顶层容器包含若干中间容器，每个中间容器包含若干基本组件，按照某种合理的布局方式将它们组织在一起，可通过事件处理机制实现人机交互。

容器（Container），是用来容纳和管理一组界面元素的对象。基本组件必须被安排在某个容器中，否则就无法使用。在 Java Swing 开发中，顶层容器包括 JFrame、JApplet、JDialog 和 JWindow 4 种。在 Swing 包中，对比 AWT 包，所有类都以"J"开头，后跟对应类名。例如，4 个顶层容器在 AWT 包中对应类名为 Frame、Applet、Dialog 和 Window。

顶层容器的作用是创建初始界面，为其他组件提供一个容器，以构建满足用户需求的操作界面。其中，JFrame 用来创建 Java 应用程序，是最常用的顶层容器；JApplet 用来创建 Java 小应用程序，需要内嵌在网页中运行，现在使用较少；JDialog 用来创建对话框，在开发中使用频率较高；JWindow 用来创建窗口，很少直接使用（图 4–J1–4）。

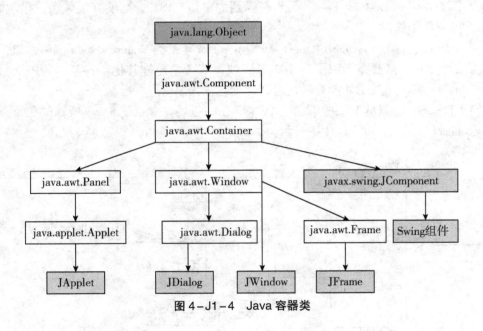

图 4–J1–4　Java 容器类

从容器的继承结构看，图形界面开发的最上级类是 Component 组件类，然后是继承的子类 Container 容器类，然后最终继承出 4 个顶层容器类，即 JApplet、JDialog、JWindow 和 JFrame。

有了顶层容器提供初始界面后，就可以向容器中添加所需的界面元素了。多数情况下，为了完成功能，需要创建较复杂的界面结构，使用中间容器，可以有效实现界面布局。常用的中间容器包括 JPanel 面板、JScrollPane 滚动面板、JSplitPane 拆分面板、JTabbedPane 标签面板、JInternalFrame 内部窗口、Box 盒子容器，可将组件按照某种布局方式组合在一起，放置在中间容器或顶层容器中。

JPanel 提供一个面板，JScrollPane 是具有滚动条的窗格，JSplitPane 是具有拆分功能的窗格，JTabbedPane 是带有若干标签的分类窗格，JInternalFrame 用于创建内嵌于 JFrame 中的内部框架，Box 提供创建横向 / 纵向盒子容器的功能。

最常用到的容器中，JFrame 和 JDialog 是有边框的容器，JPanel 面板则没有边框（图 4-J1-5）。

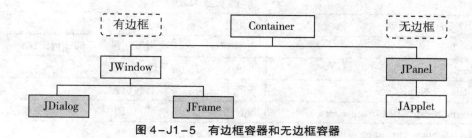

图 4-J1-5　有边框容器和无边框容器

定义好界面布局后，就可以把基本组件部署在对应容器内了。常用基本组件包括 JLabel、JButton、JCheckBox、JRadioButton、JList、JComboBox、JTextField、JPasswordField、JTextArea、JTable 等。由于基本组件数量较多，功能和使用方法具有较多相似性，因此选取若干典型组件进行介绍。

创建图形界面时，通常先使用 JFrame 创建初始的用户界面，之后用 JPanel、JScrollPane、JTabbedPane、JSplitPane、JInternalFrame 等创建中间容器，再用基本组件类创建有关的组件。

将基本组件按照某种布局添加到中间容器中，可能会用到容器的嵌套；再将中间容器按照布局需要添加到顶层容器中，最终构建成满足用户需求的人机交互界面。

JFrame 类是 java.awt.Frame 的子类，在 Swing 的组件中，JFrame 的继承链如下：java.lang.Objec → java.awt.Component → java.awt.Container → java.awt.Window → java.awt.Frame → javax.swing.JFrame。

JFrame 类的常用构造方法如表 4-J1-1 所示。

表 4-J1-1　JFrame 类的常用构造方法

构造方法	描述
JFrame（）	创建无标题窗口
JFrame（String s）	创建标题名字是字符串 s 的窗口

例如，创建 JFrame 窗口：

```
JFrame  f1=new JFrame();
JFrame  f2=new JFrame("Hello");
```

JFrame 类的常用方法如表 4-J1-2 所示。

表 4-J1-2　JFrame 类的常用方法

方法	描述
setTitle（String title）	设置 JFrame 标题文本
get/ setSize（）	获取 / 设置 JFrame 的大小
add（Object a）	将组件添加到 JFrame 中
dispose（）	关闭 JFrame 并回收用于创建窗口的任何资源
setVisible（boolean b）	设置 JFrame 的可见性
setLocation（int x，int y）	设置 JFrame 在屏幕上的位置
setLocationRelativeTo（Component c）	设置窗口相对于指定控件的位置，null 居中显示
setExtendedState（int s）	设置 JFrame 的扩展状态
setDefaultCloseOperation（int d）	设置默认的关闭时操作

setDefaultCloseOperation 设置默认的关闭时操作的参数值如表 4-J1-3 所示。

表 4-J1-3　SetDefaultCloseOperation 参数值

参数值	描述
DO_NOTHING_ON_CLOSE	窗口关闭时什么都不做
HIDE_ON_CLOSE	窗口关闭时隐藏
DISPOSE_ON_CLOSE	关闭时回收资源
EXIT_ON_CLOSE	关闭时退出应用

探索演练 4-J1-1　直接使用 JFrame 创建图形界面。

```
import  javax.swing.*; // 导入所需的 Swing 包
public  class  FirstJFrame{ // 定义类 FirstJFrame
   public  static  void  main(String[]  args){ //main 方法
     JFrame  f=new  JFrame(); // 创建图形窗口顶层容器
     f.setTitle("My First JFrame"); // 设置窗口标题
     f.setDefaultCloseOperation(JFrame.EXIT_ON_CLOSE);
      // 窗口关闭应用程序结束
```

```
        f.setSize(600,400);//设置窗口大小,第一个参数是宽,第二个参数是高
        f.setLocationRelativeTo(null);//设置窗口居中显示
        f.setVisible(true);//设置窗口可见性为真,默认为假
    }
}
```

创建 JFrame 界面后,需要为它设置属性。setTitle 方法设置标题,显示在标题栏;setSize 设置窗口大小;setVisible 设置窗口可见性,必须设为真,不然窗口默认情况下是不显示的;setDefaultCloseOperation 方法也很重要,设置为 JFrame.EXIT_ON_CLOSE 可以使得窗口关闭时应用程序结束运行并释放资源,如果不设置,窗口关闭了,程序依然在运行,不会释放资源。

程序运行结果:

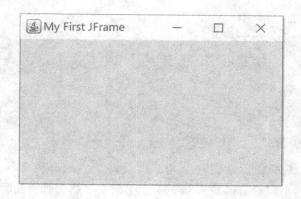

探索演练 4-J1-2 继承 JFrame 创建窗口子类来创建图形界面。

```
import javax.swing.*; //导入所需的 Swing 包
public class SecondJFrame extends JFrame{ //定义 JFrame 的子类 SecondJFrame
    public  SecondJFrame(){ //构造函数
        super("My Second JFrame");  //引用父类构造方法,并设置标题
        setDefaultCloseOperation(EXIT_ON_CLOSE);  //关闭窗口时应用程序退出
        setExtendedState(MAXIMIZED_BOTH);  //窗口最大化,即全屏
        setVisible(true);  //设置窗口可见
    }
    public static void main(String[] args){
        SecondJFrame f=new  SecondJFrame(); //实例化 SecondJFrame 类的对象 f
    }
}
```

和上一个实例不同,由于 Java 只支持单继承,所以在图形界面类不需要继承其他父类的情况下,使用此定义方法比较适宜。

程序运行结果：

例如，设置 JFrame 的图标：

```
// 创建图标和图像对象
ImageIcon ii=new ImageIcon("logo.gif");
Image image=ii.getImage();
// 设置 JFrame 的图标
setIconImage(image);
// 这三句话也常写作 setIconImage(new ImageIcon("logo.gif").getImage());
```

JFrame 的图标显示在标题栏左上角，一般是程序的 logo 文件，图片文件格式以 png、gif 居多。默认不设置时，是 Java 的 logo，即一杯热气腾腾的咖啡。

设置图标需要使用两个相关类，即 javax.swing.ImageIcon（图标类）和 java.awt. Image（图像类）。

执行 new ImageIcon() 实例化图标对象时，可以在参数中直接指定图片文件名，此时把图片文件放置在项目根文件夹下即可正常加载。

探索演练 4-J1-3 创建三个窗口，从小到大（比例为 1/2/4 或 1/2/3 都可以）、从左上角到右下角依次排列。

```
import java.awt.Dimension;
import java.awt.Toolkit;

import javax.swing.JFrame;

// 获取屏幕大小, 分成 1+2+4=7 份, 分别显示三个窗口
class ThreeWindows extends JFrame{
    // 构造函数, 参数分别是窗口标题 s, 左上角坐标 x、y, 窗口宽 w 和窗口高 h
```

```
ThreeWindows(String s,int x,int y,int w,int h){
    this.setTitle(s);//设置标题
    this.setBounds(x,y,w,h);//设置位置和大小
    this.setDefaultCloseOperation(EXIT_ON_CLOSE);//设置窗口关闭应用退出
    this.setVisible(true);//设置窗口可见
}
public static void main(String[] args){
    //获取屏幕的宽和高
    Dimension screenSize=Toolkit.getDefaultToolkit().getScreenSize();
    int width = (int)screenSize.getWidth();//屏幕的宽
    int height = (int)screenSize.getHeight();//屏幕的高
    //创建三个窗体
    new ThreeWindows("First Window",0,0,width/7,height/7);
    new ThreeWindows("Second Window",width/7,height/7,width*2/7,
      height*2/7);
    new ThreeWindows("Third Window",width*3/7,height*3/7,width*4/7,
      height*4/7);
}
}
```

程序运行结果：

技术模块 2　常用组件

技术点 1　JLabel

标签（JLabel）是最简单的组件，用于显示单行静态文本。用户只能查看标签内容而不能对其进行修改。JLabel 的常用构造方法如表 4-J2-1 所示。

表 4-J2-1　JLabel 的常用构造方法

构造方法	描述
public JLabel（）	创建一个 JLabel 对象
public JLabel（String text）	创建一个标签并制定文本内容，默认左对齐
public JLabel（String text，int alignment）	创建一个标签并制定文本内容及对齐方式
public JLabel（String text，Icon icon，int horizontalAlignment）	创建具有指定文本、图像和水平对齐方式的 JLabel 对象
public JLabel（Icon image，int horizontalAlignment）	创建具有指定图形和水平对齐方式的 JLabel 实例

例如，创建 JLabel 对象：

```
// 创建标签对象，显示文本 " 姓名 "
JLabel label1=new JLabel(" 姓名 ");
// 创建标签对象，显示图像 java.gif
ImageIcon ii=new ImageIcon("java.gif");
JLabel label2=new JLabel(ii);
// 创建标签对象，显示文本 " 姓名 " 和图像 java.gif
JLabel label3=new  JLabel(" 姓名 ",ii,JLabel.CENTER);
```

JLabel 的常用方法如表 4-J2-2 所示。

表 4-J2-2　JLabel 的常用方法

方法	描述
getText（）/setText（String str）	获得标签文本 / 设置标签文本
setIcon（Icon icon）	设置显示的图像

例如，设置修改标签显示的内容：

```
JLabel label4=new JLabel("欢迎");
label4.setText(label4.getText()+"张先生");
label4.setText(label4.getText()+"光临!");
```

标签内容一般不需要改变，但也可以使用 setText 和 setIcon 方法进行改变。例如，当输出信息时，可以使用 setText 把信息输出在 JLabel 组件上；使用同一标签显示不同的图片时，就可使用 setIcon 方法重新设定要显示的图片。

例如，在标签中显示多行文本：

```
String str="<html><body>我爱<br>祖国<br>天安门</body></html>";
JLabel label5=new JLabel();
label5.setText(str);
```

由于 JLabel 标签只能显示单行文本，有时候需要换行进行多行显示时，换行符"\r\n"就不会生效。此时可以把显示内容写成 HTML 代码，
换行标记可以实现换行。

另外，可以使用组件 JTextArea 文本区域来实现多行文本输出，JTextArea 常用于编辑和显示多行文本。

探索演练 4-J2-1　显示标签"日照香炉生紫烟"（把标签加入窗口 JFrame）。

```
import javax.swing.JFrame;
import javax.swing.JLabel;

public class JLabelDemo{
    public static void main(String args[]){
        JFrame jFrame=new JFrame("JLabel测试");//窗口标题是 JLabel 测试
        JLabel jLabel=new JLabel("日照香炉生紫烟",JLabel.CENTER);
        //实例化对象
        jFrame.add(jLabel);//重要:将组件加入到面板之中
        jFrame.setSize(600,400);//设置窗口大小
        jFrame.setLocation(400,400);//设置窗口坐标
        jFrame.setVisible(true);//设置窗口可见
        jFrame.setDefaultCloseOperation(JFrame.EXIT_ON_CLOSE);//关闭应用程序
    }
}
```

程序运行结果:

技术点 2   JTextField

文本框（JTextField）是最常用的输入组件，常用构造方法如表 4-J2-3 所示。

表 4-J2-3   JTextField 的常用构造方法

构造方法	描述
JTextField（）	文本框的字符长度为 1
JTextField（int columns）	文本框初始值为空字符串，字符长度设为 columns
JTextField（String text）	文本框初始值为 text 的字符
JTextField（String text，int columns）	文本框初始值为 text，文本框的字符长度为 columns

例如，创建文本框:

```
JTextField tf1=new JTextField(10);
JTextField tf2=new TextField("aa");
JTextField tf3=new JTextField("aa",8);
```

JTextField 的常用方法如表 4-J2-4 所示。

表 4-J2-4   JTextField 的常用方法

方法	描述
getText（）/setText（String s）	获取 / 设置文本框中的文本
setFont（Font f）	设置字体
setEditable（boolean b）	指定文本框的可编辑性，默认为 true，可编辑
setHorizontalAlignment（int alignment）	设置文本对齐方式

例如，创建文本框并设定属性：

```
JTextField tf4=new JTextField(10);//创建10个字符宽的文本框
tf4.setFont(new Font("宋体",Font.Bold,24));//设置字体为宋体,加粗,24*24
tf4.setText("您好,热烈欢迎!");//设置文本框的文本内容
tf4.setHorizontalAlignment(JTextField.Center);//设置水平对齐方式为居中对齐
tf4.setEditable(false);//设置文本框为不可编辑
```

探索演练 4-J2-2 创建文本框并加入窗口。

```java
import javax.swing.JFrame;
import javax.swing.JTextField;

public class JTextFieldDemo{
    public static void main(String args[]){
        JFrame jFrame=new JFrame("JTextField测试");
        //窗口标题是JTextField测试
        JTextField jtf1= new JTextField("日照香炉生紫烟");//实例化对象
        jFrame.add(jtf1);//重要:将组件加入面板
        jFrame.setSize(600,400);//设置窗口大小
        jFrame.setLocation(400,400);//设置窗口坐标
        jFrame.setVisible(true);//设置窗口可见
        jFrame.setDefaultCloseOperation(JFrame.EXIT_ON_CLOSE);//关闭应用程序
    }
}
```

程序运行结果：

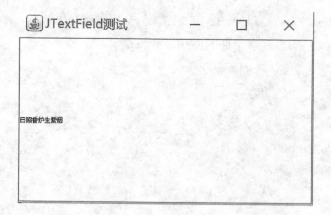

技术点 3 JButton

JButton 是常用的功能组件，当 JButton 被点击时，会触发动作行为事件 ActionEvent，通过编写事件处理方法，实现交互功能。JButton 的常用构造方法如表 4-J2-5 所示。

表 4−J2−5　JButton 的常用构造方法

构造方法	描述
JButton（）	创建一个无标签文本、无图标的按钮
JButton（Icon icon）	创建一个无标签文本、有图标的按钮
JButton（String text）	创建一个有标签文本、无图标的按钮
JButton（String text，Icon icon）	创建一个有标签文本、有图标的按钮

JButton 的常用方法如表 4−J2−6 所示。

表 4−J2−6　JButton 的常用方法

方法	描述
addActionListener（ActionListener listener）	为按钮组件注册 ActionListener 监听器，当按钮被点击时，会自动调用监听器的 actionPerformed 方法
void setIcon（Icon icon）	设置按钮的默认图标
void setText（String text）	设置按钮的文本
void setEnabled（boolean flag）	启用或禁用按钮

例如，创建按钮：

```java
JButton button1=new JButton("姓名");
ImageIcon ii=new ImageIcon("1.gif");
JButton button2=new JButton(ii);
JButton button3=new JButton("姓名",ii);
```

探索演练 4−J2−3　基本组件的使用，开发简易加法器。

```java
import java.awt.Font;
import java.awt.GridLayout;
import java.awt.event.ActionEvent;
import java.awt.event.ActionListener;
import java.text.DecimalFormat;

import javax.swing.*;

public class TestComponents extends JFrame{
    JButton jButton=new JButton("=");
    JLabel jLabel=new JLabel("+",JLabel.CENTER);
    JTextField j1=new JTextField(10);
```

```java
    JTextField j2=new JTextField(10);
    JTextField j3=new JTextField(10);

    public TestComponents(){
        this.setSize(100,500);
        this.setLocationRelativeTo(null);
        this.setVisible(true);
        this.setDefaultCloseOperation(EXIT_ON_CLOSE);
        this.setLayout(new GridLayout(5,1));
        this.add(j1);
        Font font=new Font("宋体",Font.BOLD,24);
        j1.setFont(font);
        j1.setHorizontalAlignment(JTextField.CENTER);
        this.add(jLabel);
        jLabel.setFont(font);
        this.add(j2);
        j2.setFont(font);
        j2.setHorizontalAlignment(JTextField.CENTER);
        this.add(jButton);
        jButton.setFont(font);
        this.add(j3);
        j3.setFont(font);
        j3.setHorizontalAlignment(JTextField.CENTER);
        j3.setEditable(false);
        this.validate();
        jButton.addActionListener(new ActionListener(){
            public void actionPerformed(ActionEvent e){
                try{
                    double t1=Double.parseDouble(j1.getText());
                    double t2=Double.parseDouble(j2.getText());
                    DecimalFormat df=new DecimalFormat("0.00");
                    j3.setText(df.format(t1+t2));
                }catch(NumberFormatException w){
                    JOptionPane.showMessageDialog(null,w);
                }
            }
        });
    }

    public static void main(String[] args){
        new TestComponents();
    }
}
```

程序运行结果：

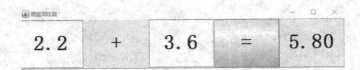

技术点 4　其他组件

1. 设置组件字体

图形界面组件的默认字体很小，要修改组件字体，可以使用 setFont（Font ft）方法。

```
JLabel jl1=new JLabel("测试文本一");
// 设置为指定字体
JLabel jl2=new JLabel("测试文本一");
jl2.setFont(new Font("宋体",Font.BOLD,24));
```

一般的应用程序，页面内组件少的有几个，多的有几十甚至上百个，一个个设置外观字体比较烦琐，此时可使用 FontUIResource 类来实现批量化的字体设置。

类 FontUIResource 是实现 UIResource 的 java.awt.Font 子类。设置默认字体属性的 UI 类应该使用此类。UIManager 管理图形界面的外观，可通过 UIManager.get（Object key）和 UIManager.put（Object key、Object value）获取和设置组件的默认外观。

例如，按照类型设置统一字体：

```
Font font=new Font("Dialog",Font.PLAIN,12);
UIManager.put("Button.font",font);
UIManager.put("Label.font",font);
```

为了设置全局组件默认字体，可以将所有默认组件（类）放到枚举对象集 keys 中，然后遍历 keys；如果该组件的值（对象）是 FontUIResource 的实例，就设置该组件的 font 属性。

探索演练 4-J2-4　设置全局所有组件默认字体。

```
import java.awt.Color;
import java.awt.Font;
import java.awt.GridLayout;
import java.util.Enumeration;

import javax.swing.JButton;
import javax.swing.JCheckBox;
import javax.swing.JComboBox;
import javax.swing.JFrame;
```

```java
import javax.swing.JLabel;
import javax.swing.JList;
import javax.swing.JPanel;
import javax.swing.JPasswordField;
import javax.swing.JRadioButton;
import javax.swing.JTable;
import javax.swing.JTextArea;
import javax.swing.JTextField;
import javax.swing.UIDefaults;
import javax.swing.UIManager;
import javax.swing.plaf.FontUIResource;

public class TestComponents2{

    public static void main(String[] args){
        JFrame jFrame=new JFrame("Swing常用组件测试");
        initFont(new Font("宋体",Font.BOLD,32));
        UIDefaults uid=UIManager.getDefaults();
        uid.put("Label.font",new FontUIResource("黑体",Font.BOLD,32));

        JPanel jp1=new JPanel();
        String[]componentNames={ "JLabel","JButton","JCheckBox",
            "JRadioButton","JList","JComboBox","JTextField",
            "JPasswordField","JTextArea","JTable"};
        int cols = (componentNames.length+1)/ 2;
        jp1.setBackground(Color.GRAY);
        jp1.setLayout(new GridLayout(4,cols,5,5));

        for(int i=0; i< cols; i++ ){
            JLabel jl=new JLabel(componentNames[i],JLabel.CENTER);
            jl.setOpaque(true);
            jp1.add(jl);
        }
        jp1.add(new JLabel("标签"));
        jp1.add(new JButton("按钮"));
        jp1.add(new JCheckBox("复选框"));
        jp1.add(new JRadioButton("单选框"));
        jp1.add(new JList(new String[]{"列表项1","列表项2","列表项3",
            "列表项4"}));
        for(int i=cols; i< componentNames.length; i++ ){
            JLabel jl=new JLabel(componentNames[i],JLabel.CENTER);
```

```
            jl.setOpaque(true);
            jp1.add(jl);
        }
        jp1.add(new JComboBox(new String[]{"下拉列表项1","下拉列表项2",
            "下拉列表项3","下拉列表项4"}));
        jp1.add(new JTextField("文本框"));
        jp1.add(new JPasswordField("密码框"));
        jp1.add(new JTextArea("多行文本框\r\n多行文本框\r\n多行文本框\r\n"));
        JTable jt=new JTable(new Object[][]{{"一行一列","一行二列"},
            {"二行一列","二行二列"}},new Object[]{"第一列","第二列"});
        jt.setRowHeight(50);
        jp1.add(jt);

        jFrame.add(jp1);
        jFrame.setSize(1500,500);              //设置窗口大小
        jFrame.setLocation(600,400);           //设置窗口坐标
        jFrame.setVisible(true);               //设置窗口可见
        jFrame.setDefaultCloseOperation(JFrame.EXIT_ON_CLOSE);
    }

    public static void initFont(Font font){
        FontUIResource fontUIResource=new FontUIResource(font);
        Enumeration keys=UIManager.getDefaults().keys();
        while(keys.hasMoreElements()){
            Object key=keys.nextElement();
            Object value=UIManager.get(key);
            if(value instanceof FontUIResource){
                UIManager.put(key,fontUIResource);
            }
        }
    }
}
```

除了标签 JLabel、文本框 JTextField、按钮 JButton 外，还使用了一些较常用到的组件，如 JPasswordField、JTextArea、JRadioButton、JCheckBox、JList、JComboBox、JTable 等。

程序运行结果：

JLabel	JButton	JCheckBox	JRadioButton	JList
标签	按钮	☐复选框	○单选框	列表项1 列表项2 列表项3
JComboBox	JTextField	JPasswordField	JTextArea	JTable
下拉列表项1 ▾	文本框	••••	多行文本框 多行文本框 多行文本框	一行一列 | 一行二列 二行一列 | 二行二列

2. 密码框 JPasswordField

密码框 JPasswordField 类似于 JTextField，也是单行文本框，只是输入的内容默认用回显字符"*"来显示，常用来作为密码输入框。

其常用构造方法如表 4–J2–7 所示。

表 4–J2–7 JPasswordField 的常用构造方法

构造方法	描述
JPasswordField（）	密码框的字符长度为 1
JPasswordField（int columns）	密码框初始值为空字符串，字符长度设为 columns
JPasswordField（string text）	密码框初始值为 text 的字符
JPasswordField（string text，int columns）	密码框初始值为 text，文本框的字符长度为 columns

JPasswordField 的常用方法如表 4–J2–8 所示。

表 4–J2–8 JPasswordField 的常用方法

方法	描述
getPassword（）	获取输入的密码内容
setEchoChar（char）/getEchoChar（）	设置 / 获取回显字符，默认是 "*"

3. 文本区域 JTextArea

文本区域 JTextArea 又被称为多行文本框，除了多行显示以外，功能类似于 JTextField。

其常用构造方法如表 4–J2–9 所示。

表 4–J2–9　JTextArea 的常用构造方法

构造方法	描述
JTextArea（）	以默认的列数和行数，创建一个文本区域对象
JTextArea（String s）	以 s 为初始值，创建一个文本区域对象
JTextArea（String s，int x，int y）	以 s 为初始值，以行数为 x、列数为 y，创建一个文本区域对象
JTextArea（int x，int y）	以行数为 x、列数为 y，创建一个文本区域对象

例如，创建文本区域对象：

```
JTextArea ta1=new JTextArea(5,5);
JTextArea ta2=new JTextArea("ab",8,7);
```

JTextArea 的常用方法如表 4–J2–10 所示。

表 4–J2–10　JTextArea 的常用方法

方法	描述
setText（String s）	设置显示文本，同时清除原有文本
getText（）	获取文本区域的文本
append（String s）	在文本区域追加文本
setLineWrap（boolean b）	设置自动换行，缺省情况，不自动换行

例如，将文本区域对象放入一个滚动窗格中，以使用滚动条功能：

```
JTextArea jta=new JTextArea(10,10);
JScrollPane jsp=new JScrollPane(jta);
```

4. 单选按钮 JRadioButton 和按钮组 ButtonGroup

单选按钮 JRadioButton 的外观是小圆圈，它的作用是在一组按钮中，只要一项被选中，其他就会自动取消选择，保证一组之中只能有一个选项处于选中状态。为了定义一组按钮，通常会和 ButtonGroup 一起使用。

当在一个容器中放入多个选择框，且没有 ButtonGroup 对象将它们分组，则可以同时选中多个选择按钮。如果使用 ButtonGroup 对象将选择按钮分组，同一时刻组内的多个单选按钮只允许有一个被选中。

单选按钮分组的方法是先创建 ButtonGroup 对象，然后将同组的选择框添加到同一个 ButtonGroup 对象中。注意，ButtonGroup 不能像 JPanel 等容器组件进行布局，所以每个控件除了加入 ButtonGroup 外，还要加入对应容器才能正常显示。JRadioButton 的常用构造方法如表 4-J2-11 所示。

表 4-J2-11 JRadioButton 的常用构造方法

构造方法	描述
JRadioButton（）	用空串构造单选按钮
JRadioButton（String s）	用给定的字符串 s 构造单选按钮
JRadioButton（Icon icon）	用给定的图标构造单选按钮
JRadioButton（String s，boolean b）	用给定的字符串 s 构造单选按钮，参数 b 设置初始是否选中

例如，创建单选按钮：

```
JRadioButton rbutt1=new JRadioButton("男",true);
ImageIcon ii=new ImageIcon("1.gif");
JRadioButton rbutt2=new JRadioButton(ii);
JRadioButton rbutt3=new JRadioButton("女",ii,false);
```

JRadioButton 的常用方法如表 4-J2-12 所示。

表 4-J2-12 JRadioButton 的常用方法

方法	描述
isSelected（）	按钮是否选中
setSelected（boolean）	设置按钮为选中状态

例如，使用 JRadioButton 和 ButtonGroup 创建按钮组：

```
JPanel jp=new JPanel();
jp.setLayout(new FlowLayout());
ButtonGroup buttonGroup=new ButtonGroup();
JRadioButton radioButton1=new JRadioButton("男");
JRadioButton radioButton2=new JRadioButton("女");
buttonGroup.add(radioButton1);//把单选按钮加到按钮组中
buttonGroup.add(radioButton2);
jp.add(radioButton1);//把单选按钮加到面板jp中
jp.add(radioButton2);//也可以使用add(radioButton1)直接加到窗口中
```

5. 复选框 JCheckBox

选择框 JCheckBox 也叫多选按钮，外观是一个小方框，被选中则在框中打勾。当一个容器中有多个选择框，同时可以有多个选择框被选中，这样的选择框也称复选框。

JCheckBox 的常用构造方法如表 4-J2-13 所示。

表 4-J2-13　JCheckBox 的常用构造方法

构造方法	描述
JCheckBox（）	创建一个没有标签的复选框
JCheckBox（Icon icon）	创建一个有图标 icon 的复选框
JCheckBox（String s）	创建一个有标签文本 s 的复选框
JCheckBox（String s，Icon icon）	创建一个有文本 s 及图标 icon 的复选框
JCheckBox（String s，boolean b）	创建一个有标签文本 s 的复选框，参数 b 设置初始状态

JCheckBox 的常用方法如表 4-J2-14 所示。

表 4-J2-14　JCheckBox 的常用方法

方法	描述
isSelected（）	返回复选按钮的状态，返回类型是 boolean
setSelected（Boolean state）	设置复选按钮的状态

例如，创建复选框：

```
JCheckBox jCheckbox1=new JCheckBox("篮球");
ImageIcon ii=new ImageIcon("1.gif");
JCheckBox jCheckbox2=new jCheckbox(ii);
JCheckBox jCheckbox3=new jCheckbox("足球",ii,true);
```

6. 列表框 JList

列表框 JList 用于显示一组列表数据。

JList 的常用构造方法如表 4-J2-15 所示。

表 4-J2-15　JList 的常用构造方法

构造方法	描述
JList（）	构造一个使用空模型的 JList
JList（ListModel dataModel）	构造一个 JList，使其使用指定的 ListModel 模型显示元素
JList（Object [ ] listData）	构造一个 JList，使其显示指定数组中的元素
JList（Vector listData）	构造一个 JList，使其显示指定 Vector 中的元素

JList 的常用方法如表 4-J2-16 所示。

表 4-J2-16 JList 的常用方法

方法	描述
getSelectedIndex（）	返回所选的第一个索引；如果没有选择项，则返回 -1
getSelectedValue（）	返回所选的第一个值，如果选择为空，则返回 null
isSelectionEmpty（）	如果什么也没有选择，则返回 true
setListData（Object［］listData）	根据一个 object 数组构造 ListModel，然后对其应用 setModel
setListData（Vector listData）	根据 Vector 构造 ListModel，然后对其应用 setModel
setModel（ListModel model）	设置表示列表内容或"值"的模型，并在通知 PropertyChangeListener 之后清除列表选择
setSelectedIndex（int index）	选择单个单元
setSelectionMode（int selectionMode）	确定允许单项选择还是多项选择。在 ListSelectionModel 中定义 SINGLE_SELECTION、SINGLE_INTERVAL_SELECTION、MULTIPLE_INTERVAL_SELECTION（默认）

例如，创建列表框：

```
JList list1=new JList();
String ss[] ={"red","green","blue"};
JList list2=new JList(ss);
```

7. 下拉列表框 JComboBox

下拉列表框 JComboBox 功能类似列表框，但是只占据一行的位置，点击时下拉列表，选择完毕后恢复到单行状态。

JComboBox 的常用构造方法如表 4-J2-17 所示。

表 4-J2-17 JComboBox 的常用构造方法

构造方法	描述
JComboBox（）	创建一个空的 JComboBox 对象
JComboBox（ComboBoxModel）	创建一个 JComboBox，其选项取自现有的 ComboBoxModel
JComboBox（Object［］items）	创建包含指定数组中元素的 JComboBox

JComboBox 的常用方法如表 4-J2-18 所示。

表 4-J2-18　JComboBox 的常用方法

方法	描述
addItem（）	添加一个项目到 JComboBox
get/setSelectedIndex（）	获取 / 设置 JComboBox 中选中项目的索引
get/setSelectedItem（）	获取 / 设置选中的对象
removeAllItems（）	从 JComboBox 删除所有对象
removeItem（）	从 JComboBox 删除特定对象
setEditable（）	把一个组合框设置为可编辑的

例如，创建下拉列表框：

```
JComboBox jcb1=new JComboBox();
String ss[]={"red","green","blue"};
JComboBox jcb2=new JComboBox(ss);
```

8. 表格 JTable

表格是一种以行 / 列（二维表）形式显示和操作数据的组件，功能强大，常与数据库结合使用。

JTable 的常用构造方法如表 4-J2-19 所示。

表 4-J2-19　JTable 的常用构造方法

构造方法	描述
JTable（）	构造一个默认的 JTable，使用默认的数据模型、默认的列模型和默认的选择模型对其进行初始化
JTable（int numRows，int numColumns）	使用 DefaultTableModel 构造具有 numRows 行和 numColumns 列个空单元格的 JTable
JTable（Object［］［］rowData，Object［］columnNames）	构造一个 JTable 来显示二维数组 rowData 中的值，其列名称为 columnNames

JTable 的常用方法如表 4-J2-20 所示。

表 4-J2-20　JTable 的常用方法

方法	描述
getColumnCount（）	返回列模型中的列数
getColumnName（int column）	返回出现在视图中 column 列位置处的列名称
getRowCount（）	返回 JTable 中可以显示的行数
getRowSorter（）	返回负责排序的对象
getSelectedColumn（）	返回第一个选定列的索引，如果没有选定的列，则返回 -1
getSelectedRow（）	返回第一个选定行的索引，如果没有选定的行，则返回 -1
getValueAt（int row，int column）	返回 row 和 column 位置的单元格值
isEditing（）	如果正在编辑单元格，则返回 true
selectAll（）	选择表中的所有行、列和单元格
setColumnSelectionInterval（int index0，int index1）	选择从 index0 到 index1（包含两端）的列
setRowSelectionInterval（int index0，int index1）	选择从 index0 到 index1（包含两端）的行
setTableHeader（JTableHeader tableHeader）	将此 JTable 所使用的 tableHeader 设置为 newHeader
setValueAt（Object aValue，int row，int column）	设置表模型中 row 和 column 位置的单元格值

例如，创建简单表格：

```
Object[]cols={"姓名","班级","成绩"};
Object[][]rows={
{"张三","681",75},
{"李四","682",80},
{"王五","683",100}
};
JTable table=new JTable(rows,cols);
table.setShowGrid(true);
table.setGridColor(Color);
table.setRowHeight(int);
```

例如，使用 DefaultTableModel 创建表格：

```
Object[]cols={"姓名","班级","成绩"};
Object[][]rows={
{"张三","681",75},
{"李四","682",80},
{"王五","683",100}
};
DefaultTableModel defModel=new DefaultTableModel(rows,cols);
JTable table=new JTable(defModel);
defModel.addColumn(Object);
defModel.addRow(Object[]);
```

技术模块 3　布局管理器

　　Swing 组件不能单独存在，必须放置于容器中，组件在容器中的位置和尺寸是由布局管理器来决定的。常用的布局有流式布局（FlowLayout）、边界布局（BorderLayout）、网格布局（GridLayout）和空布局（绝对布局）（null）。

　　在实际应用中，往往需要使用容器的嵌套，各容器可使用不同的布局。当容器的尺寸改变时，布局管理器会自动调整组件的排列。

技术点 1　流式布局管理器

　　流式布局（FlowLayout）管理器是 JPanel 的默认布局管理器。FlowLayout 管理器会将组件按照从上到下、从左到右的放置规律逐行进行定位。与其他布局管理器不同的是，FlowLayout 管理器不限制它所管理组件的大小，允许它们有自己的最佳大小。FlowLayout 管理器的常用构造方法如表 4-J3-1 所示。

表 4-J3-1　FlowLayout 管理器的常用构造方法

构造方法	描述
FlowLayout（）	构造一个新的 FlowLayout，其中心对齐，默认的水平和垂直间隙是 5 个单位
FlowLayout（int align）	构造一个具有指定对齐方式和默认 5 个单位水平和垂直间隙的新 FlowLayout
FlowLayout（int align，int hgap，int vgap）	创建一个新的流式布局管理器，其中包含指示的对齐方式及指示的水平和垂直间隙

　　例如，创建流式布局管理器：

```
FlowLayout layout=new FlowLayout(FlowLayout.LEFT,10,10);
```

例如，使用流式布局管理器：

```
FlowLayout fl=new FlowLayout();    // 创建 FlowLayout 布局对象
JPanel panel=new JPanel();         // 创建容器对象
panel.setLayout(fl);               // 设置容器对象的布局或使用默认布局
panel.add(组件对象);               // 向容器中添加组件对象（设组件对象已创建）
```

FlowLayout 使用简单，该布局适用于组件个数较少的情况，但是当用户对由 FlowLayout 管理的区域进行缩放时，布局会发生变化，如上一行末尾的组件可能会跑到下一行的行首，导致布局混乱。

技术点 2　边界布局管理器

边界布局（BorderLayout）管理器是 JFrame 和 JDialog 的默认布局管理器。BorderLayout 按照东、西、南、北、中 5 个方位排列各组件，即上北、下南、左西、右东及中间，如图 4–J3–1 所示。

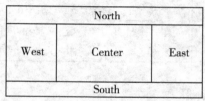

图 4–J3–1　边界布局

BorderLayout 管理器的常用构造方法如表 4–J3–2 所示。

表 4–J3–2　BorderLayout 管理器的常用构造方法

构造方法	描述
BorderLayout（）	构造一个新的边框布局，组件之间没有间隙
BorderLayout（int hgap，int vgap）	构造具有组件之间指定间隙的边框布局

例如，创建边界布局管理器：

```
BorderLayout lay1=new BorderLayout();
BorderLayout lay2=new BorderLayout(10,10);
```

例如，使用边界布局管理器：

```
BorderLayout bl=new BorderLayout();  // 创建 BorderLayout 布局对象
JPanel panel=new JPanel();           // 创建容器对象
panel.setLayout(bl);                 // 设置容器对象的布局
```

可以使用 panel.add（组件对象．方位）向容器中添加组件对象，其中方位的取值为
BorderLayout.EAST、BorderLayout.WEST、BorderLayout.SOUTH、BorderLayout.NORTH、
BorderLayout.CENTER 之一。

使用 BorderLayout 的好处在于当容器缩放时，组件相应的位置不变化，但大小改变。不过由于区域只有 5 个，当加入的组件超过 5 个时，就必须使用容器的嵌套或其他布局。总之，BorderLayout 能够满足多数布局的需求，应用广泛。

技术点 3　网格布局管理器

网格布局（GridLayout）管理器将区域分割成具有指定行数（row）和列数（column）的网格布局，组件按照由左至右、由上而下的次序排列填充到各个单元格中。

GridLayout 管理器的常用构造方法如表 4–J3–3 所示。

表 4–J3–3　GridLayout 管理器的常用构造方法

构造方法	描述
GridLayout（int rows，int cols）	创建具有指定行数和列数的网格布局
GridLayout（int rows，int cols，int hgap，int vgap）	创建一个具有指定行数和列数的网格布局，并且可以指定组件之间横向（hgap）和纵向（vgap）的间隔，单位是像素

例如，创建网格布局管理器：

```
GridLayout gl1=new GridLayout(3,3);          //3 行 3 列
GridLayout gl2=new GridLayout(5,2,10,10);    //5 行 2 列，行列间隔都是 10 像素
```

例如，使用网格布局管理器：

```
GridLayout gl3=new GridLayout(2,2);  // 创建 GridLayout 布局对象
JPanel panel=new JPanel();           // 创建容器对象
panel.setLayout(gl3);                // 设置容器对象的布局
panel.add(组件对象);                  // 向容器中添加组件对象
```

GridLayout 管理器总是忽略组件的最佳大小，而是根据指定的行数和列数等分。该布局管理的所有单元格的宽度和高度都是一样的。使用网格布局的优点在于组件的相应位置不随区域的缩放而改变，只是组件的大小改变。如果组件大小相当，并且需要整齐排列，可以使用该布局。

技术点 4　混合布局

容器分为独立容器和非独立容器。JFrame 是独立容器，是应用程序的最上级容器。在容器中，可以添加组件，也可以添加容器。在子容器中，还可以进一步添加组件和

子容器。通过逐层嵌套，就可以构建出精巧的布局。

　　在图形界面开发中，组件数量通常较多，排列也并不规范。使用基本布局方式难以完成预定的布局设计，此时可以使用中间容器（如 JPanel 等）进行嵌套，形成混合布局。每一个子容器可以定义自己内部的布局方式。

1. 面板 JPanel

　　JPanel 是一种中间容器，它能容纳组件并将组件组合在一起，但它本身必须添加到其他容器中使用。

　　JPanel 的常用构造方法如表 4–J3–4 所示。

表 4–J3–4　JPanel 的常用构造方法

构造方法	描述
JPanel（）	使用默认的布局管理器 FlowLayout 创建新面板
JPanel（LayoutManager layout）	使用指定的布局管理器创建新的 JPanel

　　例如，创建面板：

```
JPanel jp1=new JPanel();
jp1.setLayout(new GridLayout(2,3));//默认布局为 FlowLayout,修改成 GridLayout
JPanel jp2=new JPanel(new GridLayout(2,3));//创建指定 GridLayout 布局的面板
```

　　JPanel 的常用方法如表 4–J3–5 所示。

表 4–J3–5　JPanel 的常用方法

方法	描述
add（Component c）	将指定的组件追加到此容器的尾部
remove（Component c）	从容器中移除指定的组件
setLayout（LayoutManager lm）	设置容器的布局管理器
setBackground（Color c）	设置组件的背景色

探索演练 4–J3–1　使用面板。

```
import javax.swing.JFrame;
import javax.swing.JLabel;
import javax.swing.JPanel;

public class JPanelDemo{
    public static void main(String[] args){
```

```
        JFrame jf=new JFrame();                    // 创建一个 JFrame 对象
        jf.setBounds(300,100,400,200);             // 设置窗口大小和位置
        JPanel jp=new JPanel();                     // 创建一个 JPanel 对象
        JLabel jl=new JLabel("JPanel 里的标签 ");    // 创建一个标签
        jp.add(jl);                                 // 将标签添加到面板
        jf.add(jp);                                 // 将面板添加到窗口
        jf.setVisible(true);                        // 设置窗口可见
    }
}
```

程序运行结果：

2. 滚动面板 JScrollPane

当容器的显示区域不足以同时显示所有组件时，可使用滚动面板 JScrollPane。JScrollPane 是 Container 类的子类，也是一种容器，但是只能添加一个组件。

在 Swing 中，JTextArea、JList、JTable 等组件没有自带滚动条，需要将它们放置于滚动面板，使用滚动条浏览组件中的所有内容。

JScrollPane 的常用构造方法如表 4–J3–6 所示。

表 4–J3–6　JScrollPane 的常用构造方法

构造方法	描述
JScrollPane（）	创建一个空 JScrollPane，其水平和垂直滚动条在需要时出现
JScrollPane（Component com）	创建一个显示指定组件内容的 JScrollPane，只要组件的内容大于视图，就会出现水平和垂直滚动条

例如，使用滚动面板：

```
JTextArea ta=new JTextArea(50,50);        //50 行, 每行 50 个字符的文本区域
JScrollPane sp=new JScrollPane(ta);       // 设置滚动显示
```

技术模块 4 事件处理

技术点 1 事件处理机制

在图形界面下，采用事件处理机制实施交互功能。Java 语言将每一个键盘或鼠标的操作定义为一个"事件"，如键盘点击事件、鼠标点击事件，当事件发生时程序执行的操作称为事件响应。

每一次事件处理，都包含 3 个要素，即事件源、事件和事件监听器。产生事件的组件叫事件源，事件监听器监听事件源上发生的事件并做出相应处理。

Java 提供了预定义的事件类，它们包含了所有组件上可能发生的事件（图 4–J4–1）。每一个事件都有一个相应的事件监听器，监听器中的事件处理方法完成对事件的处理。用户也可以根据自己的需要，编写自定义类来扩充实现新的功能。

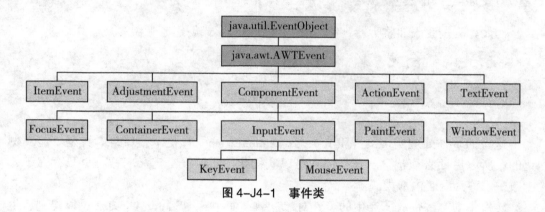

图 4–J4–1 事件类

常用事件类及对应监听器如表 4–J4–1 所示。

表 4–J4–1 常用事件类及对应监听器

事件名称	监听器	主要用途
WindowEvent	WindowListener	窗口发生变化，如关闭
ActionEvent	ActionListener	产生动作，如单击按钮
ItemEvent	ItemListener	项目变化，如复选框
ListSelectionEvent	ListSelectionListener	选择列表中的项目时
ChangeEvent	ChangeListener	状态改变，如进度条
FocusEvent	FocusListener	焦点获得或失去
MouseEvent	MouseListener	鼠标点击、进入或离开
MouseEvent	MouseMotionListener	鼠标拖动或移动

续表

事件名称	监听器	主要用途
MouseWheelEvent	MouseWheelListener	鼠标滚轮滚动
KeyEvent	KeyListener	按键产生时
MenuEvent	MenuListener	菜单选择时

要进行事件处理，首先要创建事件源，然后创建指定类型的监听器进行事件处理，最后为事件源注册监听器。如果此监听器实例对象只被当前事件源注册一次，通常使用匿名内部类来编写。

添加监听器语法：

```
组件对象.addXxxListener(事件监听器对象);
```

例如，为按钮添加监听器，使用匿名内部类的形式创建监听器：

```
button.addActionListener(new ActionListener{
    // 实现事件处理方法
    public void actionPerformed(ActionEvent e){略}
});
```

这里的事件处理实现类并没有命名，ActionListener 只是个接口，本身是不能实例化的，所以后面必须包含实现类体才可以实例化；实例没有定义名称，也只存在于此函数中，称为匿名内部类。

接口中的方法带有所产生的事件对象参数，使用 e.getSource（）方法可以得到产生该事件的事件源。

常用监听器事件处理方法如表 4–J4–2 所示。

表 4–J4–2　常用监听器事件处理方法

事件和监听器	监听器事件处理方法	方法说明
ItemEvent　ItemListener	itemStateChanged（ActionEvent e）	当单选按钮、复选按钮、下拉列表框中的项目状态发生变化时产生该事件
WindowEvent WindowListener	windowActivated（WindowEvent e） windowDeactivated（WindowEvent e） windowIconified（WindowEvent e） windowDeiconified（WindowEvent e） windowOpened（WindowEvent e） windowClosing（WindowEvent e） windowClosed（WindowEvent e）	窗口激活触发 窗口失活触发 窗口最小化触发 从最小化还原触发 窗口打开触发一次 关闭窗口时触发 窗口关闭后触发

续表

事件和监听器	监听器事件处理方法	方法说明
ListSelectionEvent ListSelectionListener	valueChanged（ListSelectionEvent e）	当列表框中的项目发生变化时产生该事件
ChangeEvent ChangeListener	stateChanged（ChangeEvent e）	当进度条、标签面板等组件的状态发生变化时产生该事件
FocusEvent　FocusListener	focusGained（FocusEvent e） focusLost（FocusEvent e）	当组件获得输入焦点时触发 当组件失去输入焦点时触发
MouseEvent　MouseListener	mousePressed（MouseEvent e） mouseReleased（MouseEvent e） mouseClicked（MouseEvent e） mouseEntered（MouseEvent e） mouseExited（MouseEvent e）	鼠标键按下触发 鼠标键松开触发 鼠标键点击触发（按下+松开） 鼠标光标进入组件区域触发 鼠标光标离开组件区域触发
MouseEvent MouseMotionListener	mouseDragged（MouseEvent e） mouseMoved（MouseEvent e）	鼠标拖动触发 鼠标移动触发
KeyEvent KeyListener	keyPressed（KeyEvent e） keyReleased（KeyEvent e） keyTyped（KeyEvent e）	键按下触发 键松开触发 键按下再松开触发

探索演练 4-J4-1 事件处理。

```java
import java.awt.BorderLayout;
import java.awt.Font;
import java.awt.event.ActionEvent;
import java.awt.event.ActionListener;

import javax.swing.JButton;
import javax.swing.JFrame;
import javax.swing.JLabel;

public class TestActionListener extends JFrame implements
ActionListener{
    private JButton jButton;
    private JLabel jLabel;

    public TestActionListener(){
        jButton=new JButton("点击触发 ActionEvent 事件");
        jButton.addActionListener(this);
        jButton.setFont(new Font("宋体",Font.PLAIN,36));
        this.add(jButton,BorderLayout.CENTER);
        jLabel=new JLabel("点击信息在这里输出");
```

```
        jLabel.setFont(new Font("宋体", Font.PLAIN, 36));
        this.add(jLabel, BorderLayout.SOUTH);
        this.pack();
        this.setTitle("测试ActionEvent事件处理");
        this.setSize(600, 400);
        this.setDefaultCloseOperation(JFrame.EXIT_ON_CLOSE);
        this.setLocationRelativeTo(null);
        this.setVisible(true);
    }

    public void actionPerformed(ActionEvent e){
        jLabel.setText("你点击了触发按钮");
    }

    public static void main(String[] args){
        new TestActionListener();
    }
}
```

程序运行结果：

探索演练 4-J4-2 简易计算器。

```
import java.awt.BorderLayout;
import java.awt.Font;
import java.awt.GridLayout;
import java.awt.event.ActionEvent;
import java.awt.event.ActionListener;
import java.awt.event.FocusEvent;
import java.awt.event.FocusListener;

import javax.swing.JButton;
import javax.swing.JFrame;
import javax.swing.JPanel;
```

```java
import javax.swing.JTextField;
import javax.swing.UIManager;

public class CalcDemo extends JFrame{
    int number1;
    int number2;
    int flag;
    int result;
    private JPanel contentPane;
    private JTextField textField;
    private JButton buttons[] = new JButton[16];
    private String[]str=new String[]{"1","2","3","+","4","5","6","-","7","8",
      "9","*",".","0","=","/" };

    public CalcDemo(){
        this.setDefaultCloseOperation(JFrame.EXIT_ON_CLOSE);
        this.setBounds(100, 100, 450, 300);
        contentPane=new JPanel();
        this.setContentPane(contentPane);
        contentPane.setLayout(new BorderLayout());

        textField=new JTextField(60);
        textField.setFont(new Font("宋体", Font.PLAIN, 24));
        textField.setHorizontalAlignment(JTextField.RIGHT);
        textField.addFocusListener(new FocusListener(){
            public void focusLost(FocusEvent e){
            }

            public void focusGained(FocusEvent e){
                textField.setText("");
            }
        });
        contentPane.add(textField, BorderLayout.NORTH);
        JPanel buttonPanel=new JPanel();
        UIManager.put("Button.font", new Font("宋体", Font.PLAIN, 24));
        buttonPanel.setLayout(new GridLayout(4, 4));
        contentPane.add(buttonPanel);
        for(int i=0; i< buttons.length; i++){
            buttons[i] = new JButton(str[i]);
```

```
            buttonPanel.add(buttons[i]);
            if(i != 14){
                buttons[i].addActionListener(new ActionListener(){
                    public void actionPerformed(ActionEvent e){
                        textField.setText(textField.getText() + ((JButton)
                            e.getSource()).getText());
                    }
                });
            }else{
                buttons[i].addActionListener(new ActionListener(){
                    public void actionPerformed(ActionEvent e){
                        String str=textField.getText();
                        System.out.println(str);
                        System.out.println(str+"=");
                        double result=splitCalc(str+"=");
                        textField.setText(""+result);
                    }
                });
            }
        }
    }

    private double splitCalc(String str2){
        double[]splits=new double[20];
        char[]operations=new char[20];
        char[]temp=new char[20];
        int tempIndex=0;
        int operIndex=0;

        boolean flag=false;
        for(int i=0;i< str2.length();i++){
            char c=str2.charAt(i);
            if(c == '+' || c == '-' || c == '*' || c == '/' || c == '='){
                if((c == '+' || c == '-')&& tempIndex == 0){
                    splits[operIndex] = 0;
                }else{
                    splits[operIndex]= Double.parseDouble(new String(temp));
                }
                operations[operIndex++ ] = c;
                temp=new char[20];
```

```
                tempIndex=0;
                if(c == '='){
                    System.out.println("break");
                    break;
                }

            }else{
                temp[tempIndex++ ] = c;
            }
        }

        double result=splits[0];
        for(int i=0; i< 20; i++){
            switch(operations[i]){
            case '+':
                result=result+splits[i+1];
                break;
            case '-':
                result=result - splits[i+1];
                break;
            case '*':
                result=result * splits[i+1];
                break;
            case '/':
                result=result / splits[i+1];
                break;
            }
        }
        return result;
    }

    public static void main(String[] args){
        CalcDemo frame=new CalcDemo();
        frame.setVisible(true);
    }
}
```

输入算式，按等号计算结果。

程序运行结果：

1	2	3	+
4	5	6	−
7	8	9	*
.	0	=	/

12+588*6−74/8

实施交付

这里只列出了各任务的关键代码，完整代码及实施交付讲解视频，请扫码下载。

首先，编写前台商城界面和后台大数据推送界面的运行类，然后，按照实训内容完成图形界面设计任务。

```
package biem.view.exec;
import biem.util.InitDB;
public class NewFrameMain{
    public static void main(String[] args){
        InitDB.init();
        new ShopView();
        new StrategyCenter();
    }
}
```

任务 1　大数据推送界面设计

实训 1−1　大数据推送之创建图形界面

```
package biem.view.exec;

import javax.swing.JFrame;

/**
 *  实训 1−1 大数据推送之创建图形界面
 */
//实训 1−1　步骤 1　创建类 StrategyCenter1,继承 JFrame 窗口类
```

204

```
public class StrategyCenter1 extends JFrame{
    //实训 1-1  步骤 2  编写构造函数
    public StrategyCenter1(){
        //图形界面初始化
        init();
        //添加和摆放组件
        addComponents();
        //刷新组件显示
        validate();
    }
    //实训 1-1  步骤 3  编写自定义方法 addComponents 实现
    private void addComponents(){


    }

    //实训 1-1  步骤 4  编写自定义方法 init 实现
    private void init(){
        //实训 1-1  步骤 5  设置窗口相关属性
        this.setTitle("开卷有益后台之大数据推送系统 ");
        this.setLocation(900,200);
        this.setDefaultCloseOperation(JFrame.EXIT_ON_CLOSE);
        this.setSize(800,600);
        this.setVisible(true);


    }
    //实训 1-1  步骤 6  创建图形界面窗口
    public static void main(String[] args){
        new StrategyCenter1();
    }
}
```

实训 1-2 大数据推送之向窗口添加组件

```
package biem.view.exec;

import java.awt.BorderLayout;

import javax.swing.JButton;
import javax.swing.JComboBox;
import javax.swing.JFrame;
import javax.swing.JLabel;
```

```
import javax.swing.JList;
import javax.swing.JTextArea;
import biem.view.GUIConstants;
/**
 * 实训 1-2 大数据推送之向窗口添加组件,共 4 个步骤
 * 简要说明: JFrame 默认布局是 BorderLayout
 * 把窗体分为上下左右中五部分,可以把组件直接添加到指定的位置
 */
//实训 1-1 步骤 1 创建类 StrategyCenter1,继承 JFrame 窗口类
public class StrategyCenter2 extends JFrame{
    //实训 1-2 步骤 1 定义要添加的控件
    //----------------------------------------
    JLabel jlWellcome;
    JButton jbCollectData,jbAnalyze,jbPush;
    JTextArea jtaInformations;
    //----------------------------------------

    //实训 1-1 步骤 2 编写构造函数
    public StrategyCenter2(){
        //图形界面初始化
        init();
        //添加和摆放组件
        addComponents();
        //刷新组件显示
        validate();
    }

    //实训 1-1 步骤 3 编写自定义方法 addComponents 实现
    private void addComponents(){
        //实训 1-2 步骤 2 向窗口添加标签控件 jlWellcome
        //----------------------------------------
        jlWellcome=new JLabel(" 欢迎您的光临! ", JLabel.CENTER);
        jlWellcome.setSize(GUIConstants.CENTER_PANEL_WIDTH, GUIConstants.
            CENTER_PANEL_HEIGHT / 8);
        this.add(jlWellcome, BorderLayout.NORTH);
        //----------------------------------------

        //实训 1-2 步骤 3 向窗口添加多行文本框控件 jtaInformations
        //----------------------------------------
        jtaInformations=new JTextArea(20,75);
```

```
        jtaInformations.setText("大数据分析信息记录日志: ");
        this.add(jtaInformations, BorderLayout.CENTER);
        //- - - - - - - - - - - - - - - - - - - - - - - - - - - - -

        //实训1-2 步骤4 向窗口添加按钮jbCollectionData
        //- - - - - - - - - - - - - - - - - - - - - - - - - - - - -
        jbCollectData=new JButton("采集信息");
        this.add(jbCollectData, BorderLayout.SOUTH);
        //- - - - - - - - - - - - - - - - - - - - - - - - - - - - -
    }

    //实训1-1 步骤4 编写自定义方法init实现
    private void init(){
        //实训1-1 步骤5 设置窗口相关属性
        this.setTitle("开卷有益后台之大数据推送系统");
        this.setLocation(900,200);
        this.setDefaultCloseOperation(JFrame.EXIT_ON_CLOSE);
        this.setSize(800,600);
        this.setVisible(true);

    }

    //实训1-1 步骤6 创建图形界面窗口
    public static void main(String[] args){
        new StrategyCenter2();
    }
}
```

实训1-3　大数据推送之使用面板JPanel实现混合布局

简要说明：窗口使用边界布局（BorderLayout），下方SOUTH使用JPanel作为中间容器，下方面板布局使用流式布局（FlowLayout）。

```
public class strategy Center3 extends J Frame{
//（此处省略部分代码）
// 实训1-3 步骤1 注释下面代码或在代码基础上修改
//      //实训1-2 步骤4 向窗口添加按钮jbCollectionData
//      //------------------------------------
//      jbCollectData=new JButton("采集信息");
//      this.add(jbCollectData, BorderLayout.SOUTH);
//      //------------------------------------
```

```
// 实训 1-3  步骤 2  创建面板，添加组件，并把面板加入窗口下方区域
    //------------------------------------
    JPanel jp=new JPanel();
    jp.setLayout(new FlowLayout());
    jbCollectData=new JButton("采集信息");
    jp.add(jbCollectData);
    jbAnalyze=new JButton("分析信息");
    jp.add(jbAnalyze);
    jbPush=new JButton("推送信息");
    jp.add(jbPush);
    this.add(jp, BorderLayout.SOUTH);
    //------------------------------------
//（此处省略部分代码）
}
```

实训 1-4 大数据推送之为按钮添加事件交互代码

简要说明：3 个按钮分别触发采集信息、分析信息、推送信息 3 个功能；使用匿名内部类方式定义事件处理实现类；按钮事件 ActionEvent，对应的监听器是 ActionListener，实现方法是 actionPerformed。

```
public class StrategyCenter4 extends JFrame{
    // 实训 1-4  步骤 1  定义需要用到的变量并初始化
    //1.4.1 开始------------------------------------
    private BookDao bookDao=new BookDaoImpl();
    private CustomerDao customerDao=new CustomerDaoImpl();
    private TagDao tagDao=new TagDaoImpl();
    private TrackDao trackDao=new TrackDaoImpl();
    private CustomerTagDao customerTagDao=new CustomerTagDaoImpl();
    private CustomerTagVODao voDao=new CustomerTagVODaoImpl();
    protected static Map<Integer, Push> pushMap=new HashMap<Integer,
    Push>();
    //1.4.1 结束------------------------------------
//（此处省略部分代码）
jbCollectData=new JButton("采集信息");
    // 实训 1-4  步骤 2  为按钮 jbCollectData 添加事件交互代码
    //1.4.2 开始- - - - - - - - - - - - - - - - - - - - - -
    jbCollectData.addActionListener(new ActionListener(){
        public void actionPerformed(ActionEvent e){
            // 读取 CSV 文件写入数据库表 TRACK
            BufferedReader reader=null;
```

```java
String line=null;
jtaInformations.setText("");

reader=FileHelper.getReader(Constants.USER_TRACK_FILE_PATH);

if(reader == null){
    System.out.println("reader null");
}else{
    try{
        System.out.println("reader="+reader);
        while((line=reader.readLine())!= null){
            String fields[] = line.split(",");
            Track track=new Track();
            track.setCustomerId(Integer.parseInt(fields[0]));
            Integer bookId=Integer.parseInt(fields[2]);
            track.setBookId(bookId);

            String tagName=bookDao.selectById(bookId).
              getTag();
            Integer tagId=tagDao.selectByName(tagName).
              getId();
            track.setTagId(tagId);

            trackDao.insert(track);

            String str=jtaInformations.getText() +"\r\n"
                    +trackDao.selectByCustomerId(track.
                      getCustomerId()).getId() +" "
                    +customerDao.selectById(track.
                      getCustomerId()).getName() +" "
                    +bookDao.selectById(track.getBookId()).
getName() +" "+track.getTagId();
            jtaInformations.setText(str);
        }
    }catch(NumberFormatException e1){
        e1.printStackTrace();
    }catch(FileNotFoundException e2){
        e2.printStackTrace();
    }catch(Exception e3){
        e3.printStackTrace();
```

```
                }
            }
        }
    });
    //1.4.2 结束------------------------------------------
    jbAnalyze=new JButton("分析信息");
    // 实训1-4  步骤3  为按钮 jbAnalyze 添加事件交互代码
    //1.4.3 开始------------------------------------------
    jbAnalyze.addActionListener(new ActionListener(){
        public void actionPerformed(ActionEvent e){
            // 在这里进行分析, 然后打标签
            // 如果 Track 指的是每次出现多条记录的情况下, 一个 customer 可能买多本
              书籍, 多个 tagid
            // 现在这里是按照最新一条记录处理的
            jtaInformations.setText("对客户数据进行分析, 分析后的客户数据信息
              如下:");
            for(Track track : trackDao.selectAll()){
                Integer customerId=track.getCustomerId();
                Integer tagId=track.getTagId();
                CustomerTag customerTag=new CustomerTag();
                customerTag.setCustomerId(customerId);
                customerTag.setTagId(tagId);
                Customer customer=customerDao.selectById(customerId);
                String newTagName=tagDao.selectById(tagId).getName();
                if(customerTagDao.selectByCustomerId(customer.getId
                  ()) == null){
                    String str=" 为用户 "+customer.getName()+" 标记以下标签:"
                      +newTagName;
                    jtaInformations.setText(jtaInformations.getText
                      ()+"\r\n"+str);
                    customerTagDao.insertCustomerTag(customerTag);
                }else{
                    String str=" 为用户 "+customer.getName()+" 更新以下标签:"
                      +newTagName;
                    jtaInformations.setText(jtaInformations.getText
                      ()+"\r\n"+str);
                    customerTagDao.updateCustomerTag(customerTag);
                }
```

```
        }
    }
});
//1.4.3 结束------------------------------------------
jbPush=new JButton("推送信息");
// 实训 1-4 步骤 4 为按钮 jbPush 添加事件交互代码
//1.4.4 开始------------------------------------------
jbPush.addActionListener(new ActionListener(){
    public void actionPerformed(ActionEvent e){
        for(Customer customer : customerDao.selectAll()){
            StringBuffer customerInfo=new StringBuffer(customer.
                getId());
            customerInfo.append(customer.getName()).append(Constants.
                PURCHASE_INTENTION).append("\n");
            Push push=new Push();
            push.setCustomerId(customer.getId());
            push.setCustomerName(customer.getName());
            CustomerTagVO vo=voDao.selectByCustomerId(customer.
                getId());
            System.out.println("[Debug]vo="+vo);
            if(vo != null){
                customerInfo.append(Constants.CUSTOMER).append
                    (customer.getName())
                        .append(Constants.ATTENTION_TO).append(vo.
                            getTagName()).append(Constants.BOOKS);
                push.setTagName(vo.getTagName());
                push.setBooks(bookDao.selectByTagName(vo.
                    getTagName()));
                pushMap.put(customer.getId(),push);
            }else{
                customerInfo.append(Constants.CUSTOMER).append
                    (customer.getId())
                        .append(Constants.NO_ATTENTION_INFO).append
                            ("\n");
                customerInfo.append(Constants.FOR_CUSTOMER).append
                    (customer.getId())
                        .append(Constants.PUSH_POPULAR_GOODS).append
                            (Constants.POPULAR_GOODS)
```

```
                        .append(Constants.BOOKS);
                  push.setBooks(bookDao.selectAll());
                  pushMap.put(customer.getId(),push);
            }
            StringBuffer recommendInfo=new StringBuffer("");
            List<Book> books=push.getBooks();
            for(int k=0;k< books.size();k++){
                recommendInfo.append(Constants.FOR_CUSTOMER).append
                    (customer.getName()).append(Constants.PUSH)
                        .append(books.get(k).getName()+"\n");
            }
            jtaInformations.setText(jtaInformations.getText
                ()+"\r\n"+recommendInfo);
          }
        }
    });
    //1.4.4 结束----------------------------------------
//（此处省略部分代码）
}
```

实训 1-5　大数据推送之设置字体

简要说明：先设置全局字体，再设置某类组件字体，再设置单个组件字体。

```
public class strategyCenters extends JFrame{
//（此处省略部分代码）
// 实训1-5　步骤1　编写自定义方法 initDefaultFonts
    //1.5.1 开始----------------------------------------
    private void initDefaultFonts(Font font){
        FontUIResource fontRes=new FontUIResource(font);
        for(Enumeration keys=UIManager.getDefaults().keys();keys.
          hasMoreElements();){
            Object key=keys.nextElement();
            Object value=UIManager.get(key);
            if(value instanceof FontUIResource){
                UIManager.put(key,fontRes);
            }
        }
    }
    //1.5.1 结束- - - - - - - - - - - - - - - - - - - - - - - - - - - -
private void addComponents(){
      // 实训1-5　步骤2　调用自定义 initDefaultFonts 方法设置全局字体
      //1.5.2 开始----------------------------------------
```

```
        initDefaultFonts(new Font("宋体", Font.PLAIN, 24));
        //1.5.2 结束-------------------------------------
// 实训 1-5　步骤 3　设置按钮类控件字体
        //1.5.3 开始-------------------------------------
        UIManager.put("Button.font", new Font("黑体", Font.BOLD, 36));
        //1.5.3 结束-------------------------------------
//（此处省略部分代码）
// 实训 1-5　步骤 4　为指定标签组件设置字体
        //1.5.4 开始-------------------------------------
        jlWellcome.setFont(new Font("隶书", Font.BOLD, 72));
        //1.5.4 结束-------------------------------------
//（此处省略部分代码）
}
```

任务 2　图书商城界面设计

仿照任务 1 的实训步骤，完成任务 2。

```
package biem.view;

import java.awt.BorderLayout;
import java.awt.Dimension;
import java.awt.FlowLayout;
import java.awt.Font;
import java.awt.event.ActionEvent;
import java.awt.event.ActionListener;
import java.awt.event.ItemEvent;
import java.awt.event.ItemListener;
import java.io.BufferedWriter;
import java.io.IOException;
import java.util.ArrayList;
import java.util.Enumeration;
import java.util.Vector;
import java.util.stream.Collectors;

import javax.swing.JButton;
import javax.swing.JComboBox;
import javax.swing.JFrame;
import javax.swing.JLabel;
import javax.swing.JList;
import javax.swing.JOptionPane;
```

```java
import javax.swing.JPanel;
import javax.swing.JScrollPane;
import javax.swing.JTextArea;
import javax.swing.UIManager;
import javax.swing.event.ListSelectionEvent;
import javax.swing.event.ListSelectionListener;
import javax.swing.plaf.FontUIResource;

import biem.common.Constants;
import biem.dao.BookDao;
import biem.dao.CustomerDao;
import biem.dao.CustomerTagVODao;
import biem.dao.impl.BookDaoImpl;
import biem.dao.impl.CustomerDaoImpl;
import biem.dao.impl.CustomerTagVODaoImpl;
import biem.entity.Book;
import biem.entity.Customer;
import biem.entity.vo.CustomerTagVO;
import biem.util.FileHelper;

public class ShopView extends JFrame implements ItemListener,
ListSelectionListener{

    private BookDao bookDao=new BookDaoImpl();
    private CustomerDao customerDao=new CustomerDaoImpl();
    private CustomerTagVODao voDao=new CustomerTagVODaoImpl();
    private static ArrayList<Book> bookList;
    private static ArrayList<Customer> customerList;

    JLabel jlWellcome,jlCustomerTendency;
    JComboBox<String> jcCustomerList;
    JList<String> jlPushBooks,jlBookList;
    JTextArea logInfo;
    JButton shoppingCartButton,purchaseButton;
    JButton saveTracks;
    Customer currentCustomer;
    Book currentBook;
    StringBuffer track=new StringBuffer();
    public ShopView(){
        init();
        addComponents();
```

```
        validate();

    }

    void init(){
        initGlobalFont(Constants.FONT_NORMAL_SIZE);
        bookList=bookDao.selectAll();
        customerList=customerDao.selectAll();
        this.setTitle("开卷有益前台之模拟商城系统");
        this.setLocation(100,200);
        this.setDefaultCloseOperation(JFrame.EXIT_ON_CLOSE);
        this.setSize(Constants.WINDOWS_WIDTH,Constants.WINDOWS_HEIGHT);
        this.setVisible(true);
    }

    void addComponents(){
        this.getContentPane().setLayout(new BorderLayout(0,10));
        JPanel jp1=new JPanel();
        jp1.setSize(Constants.WINDOWS_WIDTH,Constants.WINDOWS_HEIGHT / 8);
        jp1.setLayout(new FlowLayout());
        jlWellcome=new JLabel("欢迎光临! ");
        jlWellcome.setFont(Constants.FONT_LARGE_SIZE);
        jlWellcome.setSize(Constants.WINDOWS_WIDTH,Constants.WINDOWS_
            HEIGHT /8);
        jp1.add(jlWellcome);

        jcCustomerList=new JComboBox<String>();
        jcCustomerList.setFont(Constants.FONT_LARGE_SIZE);
        jcCustomerList.addItem("选择用户模拟登录");
        for(int i=0;i< customerList.size();i++){
            jcCustomerList.addItem(customerList.get(i).getName());
        }
        jcCustomerList.addItemListener(this);
        jp1.add(jcCustomerList);
        this.add(jp1,BorderLayout.NORTH);

        JPanel jp2=new JPanel();
        jp2.setLayout(new BorderLayout());
        jp2.setPreferredSize(new Dimension(Constants.WINDOWS_WIDTH,
            Constants.WINDOWS_HEIGHT / 2));
```

215

```
        JPanel jp21=new JPanel();
        jp21.setLayout(new FlowLayout());
        JLabel jlShowBook=new JLabel("书籍列表",JLabel.CENTER);
        jlShowBook.setPreferredSize(new Dimension(Constants.WINDOWS_
          WIDTH / 2 - 100,40));
        jp21.add(jlShowBook);
        JLabel jlPush=new JLabel("为你推荐",JLabel.CENTER);
        jlPush.setPreferredSize(new Dimension(Constants.WINDOWS_WIDTH / 2 -
          100,40));
        jp21.add(jlPush);
        jp2.add(jp21,BorderLayout.NORTH);
        this.validate();

        JPanel jp22=new JPanel();
        jp22.setLayout(new FlowLayout());
        jp22.setPreferredSize(new Dimension(Constants.WINDOWS_WIDTH,
          Constants.WINDOWS_HEIGHT / 2));
        jp2.add(jp22,BorderLayout.CENTER);
        jlBookList=new JList<String>();
        jlBookList.setFont(Constants.FONT_NORMAL_SIZE);
        jlBookList.setPreferredSize(new Dimension(Constants.WINDOWS_WIDTH
          / 2 - 75,Constants.WINDOWS_HEIGHT / 8 * 3));

        String[]bookNames=new String[bookList.size()];
        for(int i=0;i< bookList.size();i++){
            bookNames[i] = bookList.get(i).getName();
        }
        jlBookList.setListData(bookNames);
        jlBookList.addListSelectionListener(this);
        JScrollPane jspBookList=new JScrollPane(jlBookList);
        jspBookList
           .setPreferredSize(new Dimension(Constants.WINDOWS_WIDTH / 2 -
              75,Constants.WINDOWS_HEIGHT / 8 * 3+10));
        jp22.add(jspBookList);

        jlPushBooks=new JList<String>();
        jlPushBooks.setFont(Constants.FONT_NORMAL_SIZE);
        jlPushBooks.setPreferredSize(new Dimension(Constants.WINDOWS_WIDTH /
          2 - 75,Constants.WINDOWS_HEIGHT / 8 * 3));
        jlPushBooks.setListData(getPushBooks());
        JScrollPane jspPushBookList=new JScrollPane(jlPushBooks);
        jspPushBookList
```

```
            .setPreferredSize(new Dimension(Constants.WINDOWS_WIDTH / 2 -
                75,Constants.WINDOWS_HEIGHT / 8 * 3+10));
        jp22.add(jspPushBookList);
        this.validate();

        JPanel jp23=new JPanel();
        jp2.add(jp23,BorderLayout.SOUTH);
        UIManager.put("Button.font",new Font("黑体",Font.BOLD,24));
        jp23.setLayout(new FlowLayout(FlowLayout.CENTER,50,0));
        shoppingCartButton=new JButton("加入购物车");
        shoppingCartButton.setSize(Constants.WINDOWS_WIDTH / 3,Constants.
            WINDOWS_HEIGHT / 8);
        shoppingCartButton.addActionListener(new ActionListener(){
            public void actionPerformed(ActionEvent e){
                if(currentBook != null && currentCustomer != null){
                    String strInfo1=""+currentCustomer.getName() +"把书籍
                        《"+currentBook.getName() +"》加入了购物车。";
                    logInfo.setText(logInfo.getText() +Constants.NEW_
                        LINE+strInfo1);
                    String strInfo=""+currentCustomer.getId() +Constants.
                        CSV_SPLI+currentCustomer.getName()
                            +Constants.CSV_SPLI+currentBook.getId() +Constants.
                                CSV_SPLI+currentBook.getName();
                    track.append(strInfo+Constants.NEW_LINE);
//                   contextInfo.setText(contextInfo.getText() +Constants.
                        NEW_LINE+strInfo);
                }
            }
        });
        jp23.add(shoppingCartButton);
        purchaseButton=new JButton("立即购买");
        purchaseButton.setSize(Constants.WINDOWS_WIDTH / 3,Constants.
            WINDOWS_HEIGHT / 8);
        purchaseButton.addActionListener(new ActionListener(){
            public void actionPerformed(ActionEvent e){
                if(currentBook != null && currentCustomer != null){
                    String strInfo1=""+currentCustomer.getName() +"购买了书
                        籍《"+currentBook.getName() +"》。";
                    logInfo.setText(logInfo.getText() +Constants.NEW_
                        LINE+strInfo1);
                    String strInfo=""+currentCustomer.getId() +Constants.
                        CSV_SPLI+currentCustomer.getName()
```

```
                                +Constants.CSV_SPLI+currentBook.getId()+Constants.
                                    CSV_SPLI+currentBook.getName();
                            track.append(strInfo+Constants.NEW_LINE);
//                          contextInfo.setText(contextInfo.getText()+Constants.
                                NEW_LINE+strInfo);
                    }
            }
        });
        jp23.add(purchaseButton);
        saveTracks=new JButton("保存轨迹");
        saveTracks.setSize(Constants.WINDOWS_WIDTH / 3,Constants.WINDOWS_
            HEIGHT / 8);
        saveTracks.addActionListener(new ActionListener(){
            public void actionPerformed(ActionEvent e){
                // 模拟用户购物轨迹,存放到 track.csv 中
                BufferedWriter writer=FileHelper.getWriter(Constants.USER_
                    TRACK_FILE_PATH);
                try{
                    writer.write(track.toString());
                    writer.flush();
                }catch(IOException ex){
                    ex.printStackTrace();
                }
                JOptionPane.showMessageDialog(null,"顾客轨迹信息保存成功");
            }
        });
        jp23.add(saveTracks);

        this.add(jp2,BorderLayout.CENTER);
        this.validate();

        JPanel jp3=new JPanel();
        jp3.setLayout(new BorderLayout());
        jlCustomerTendency=new JLabel("客户动态",JLabel.CENTER);
        jlCustomerTendency.setFont(Constants.FONT_LARGE_SIZE);
        jp3.add(jlCustomerTendency,BorderLayout.NORTH);

        JPanel jp31=new JPanel();
        jp31.setLayout(new FlowLayout());
        logInfo=new JTextArea(8,80);
        logInfo.setFont(Constants.FONT_SMALL_SIZE);
```

```
        logInfo.setText("系统日志记录系统信息:");
        jp31.add(new JScrollPane(logInfo));
        jp3.add(jp31);

        this.add(jp3,BorderLayout.SOUTH);
        this.validate();
    }

    public void valueChanged(ListSelectionEvent e){

        if(e.getValueIsAdjusting()){
            currentBook=bookList.get(jlBookList.getSelectedIndex());
            if(currentCustomer != null && currentBook != null){
                String strInfo1=currentCustomer.getName()+"关注了书籍
                    《"+currentBook.getName()+"》。";
                logInfo.setText(logInfo.getText()+Constants.NEW_
                    LINE+strInfo1);
                String strInfo=""+currentCustomer.getId()+Constants.CSV_
                    SPLI+currentCustomer.getName()
                        +Constants.CSV_SPLI+currentBook.getId()+Constants.CSV_
                            SPLI+currentBook.getName();
                track.append(strInfo+Constants.NEW_LINE);
//              contextInfo.setText(contextInfo.getText()+Constants.NEW_
                    LINE+strInfo);
            }
        }
    }


    @Override
    public void itemStateChanged(ItemEvent e){
        if(e.getSource() == jcCustomerList){
            if(jcCustomerList.getSelectedIndex() == 0)
                return;
            int state=e.getStateChange();
            if(state == ItemEvent.SELECTED){
                if(jcCustomerList.getSelectedIndex()!= 0){
                    // 保存当前用户信息
                    currentCustomer=customerList.get(jcCustomerList.
                        getSelectedIndex() - 1);
                    // 记录用户登录信息到日志
                    String strInfo1=currentCustomer.getName()+"登录了系统! ";
```

```
                    logInfo.setText(logInfo.getText()+Constants.NEW_
                      LINE+strInfo1);
                // 把书籍操作恢复到初始状态
                jlBookList.clearSelection();
                currentBook=null;
                // 新用户登录时获取对应的推送信息
                jlPushBooks.setListData(getPushBooks());
                // 刷新页面显示,每当内容修改后,及时刷新
                validate();
            }
        }
    }
}


// 获取推送图书列表
Vector getPushBooks(){
    System.out.println("currentCustomer:"+currentCustomer);
    Vector vector=new Vector();

    if(currentCustomer != null){// 游客
        CustomerTagVO customerTagVO=voDao.selectByCustomerId
            (currentCustomer.getId());
        if(customerTagVO != null){
            vector.addAll(bookDao.selectByTagName(customerTagVO.
              getTagName())
                    .stream().map(e -> e.getName()).collect(Collectors.
                      toList()));
            return vector;
        }
    }

    vector.add("人工智能 ");
    vector.add(" 数据可视化 ");
    vector.add(" 商务谈判 ");

    return vector;
}

void initGlobalFont(Font font){
    FontUIResource fontRes=new FontUIResource(font);
    for(Enumeration keys=UIManager.getDefaults().keys(); keys.
```

```
        hasMoreElements();){
        Object key=keys.nextElement();
        Object value=UIManager.get(key);
        if(value instanceof FontUIResource){
            UIManager.put(key, fontRes);
        }
    }
}

public static void main(String[]args){
    new ShopView();
}
}
```

程序运行结果：

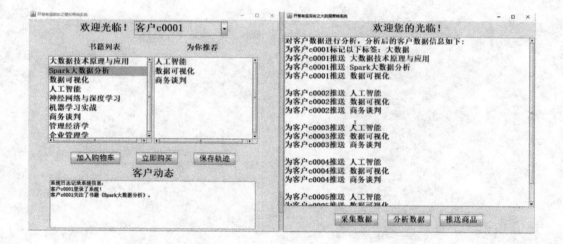